KB013638

개념 잡는
비주얼
수학책

개념 잡는 비주얼 수학책

피타고라스에서 프랙털까지
우리가 알아야 할 최소한의 수학 지식 50

리처드 브라운 외 5인 지음 | 전대호 옮김

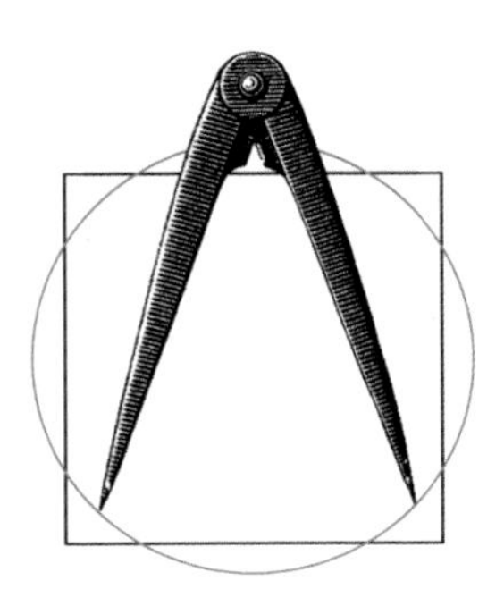

궁리
KungRee

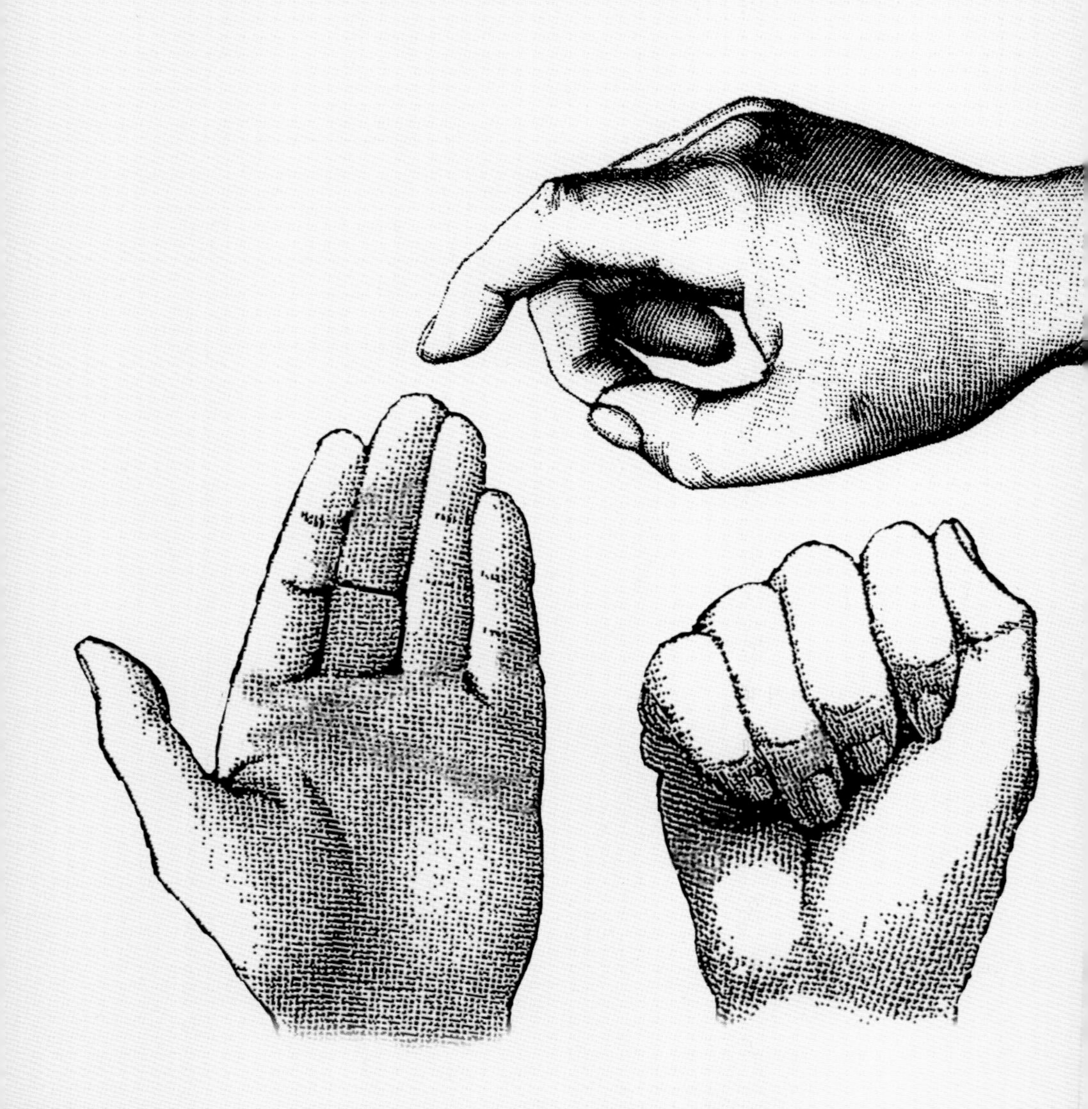

들어가기

리처드 브라운(존스홉킨스대학 수학과 학과장)

수학은 순수한 이성의 학문이라고들 한다. 수학은 우리가 마주한 이 현실에 존재하는 모든 것과 존재하지 않는 모든 것의 근본적인 논리적 구조다. 수입과 지출을 관리하고 일상을 꾸려가기 위한 단순한 계산을 훨씬 뛰어넘어 수학은 우리가 삶에서 상상할 수 있는 모든 것의 개념 자체를 구성하고 이해하는 데 도움을 준다. 음악, 미술, 언어와 마찬가지로 수학의 핵심 기호들과 개념들은 우리 자신을 놀랄 만큼 정교하게 표현할 수 있게 해준다. 또한 상상을 초월할 정도로 복잡하고 아름다운 구조들을 정의할 수 있게 해준다. 우리는 이 책에서 그런 기호와 개념을 여럿 정의하고 논할 것이다. 수학의 실용성에 대해서도 얼마든지 할 이야기가 많지만, 수학의 진정한 매력은 어떤 현실적 응용과도 무관한 우아함과 아름다움에 있다. 우리가 수학적 개념들의 유의미성을 인정하는 것은 오로지 그것들이 합리적이며 우리의 삶에 질서를 부여하는 데 도움이 되기 때문이다. 그러나 우리가 부여하는 의미를 제쳐놓으면, 수학적 개념들은 우리의 상상 속에만 존재할 뿐, 현실에는 전혀 존재하지 않는다.

자연과학과 사회과학은 나름의 이론을 서술하고 모형에 구조를 부여하기 위해 수학을 사용하며, 계산과 대수학은 사업을 하고 생각하는 방법을 배우는 데 필수적이다. 그러나 수학의 참된 본성은 이 모든 실용성 너머에 있다. 수학은 구조를 갖춘 생각의 시스템 전체를 위한 뼈대이며 그런 시스템에 참여하기 위한 규칙이다.

이 책은 수학자가 일상에서 보는 세계를 엿볼 수 있게 해준다. 오늘날 수학이 다루는 비교적 기초적이고 근본적인 주제들을 소개하면서 많은 기본 개념들의 정의, 간략한 역사, 본성에 대한 통찰을 제공할 것이다.

이 책을 이루는 50개의 꼭지 각각은 수학에서 중요한 주제 하나에 초점을 맞춘다. 꼭지들을 7가지의 범주로 분류한 것은 맥락에 대한 이해를 돕기 위해서다. 첫째 범주인 '수와 셈'에서는 우리가 주위환경의 사물들을 세는 데 필요한 기본 요소들을 탐구할 것이다. '수의 작동'에서는 수를 가지고 하는 연산과 수로 이루어진 구조를 탐구할 것이다. 이 두 범주에서 다루는 내용은 기본적으로 일상생활에서 수학을 사용하는 데 필요한 산술 시스템이다. '기막힌 우연'에서 우리는 무작위하고 우연한 사건을 이해하기 위해 수학을 적용하면 어떤 결론들을 얻을 수 있는지 살펴볼 것이다. 다음으로 '대수학과 추상'에서는 수로 이루어진 더 심오하고 복잡한 구조 몇 가지를 훑어볼 것이다. 이 대목부터 비교적 높은 수준의 수학으로 나아가는 오르막길이 시작된다. 다음으로 '기하학과 도형'에서는 수학적 관계의 시각적 측면을 탐구한다. 수학적 추상은 순수한 상상의 활동이므로, 곧이은 '또 다른 차원'에서 우리는 우리가 사는 3차원 공간을 벗어나면 무슨 일이 벌어지는지 탐구할 것이다. 마지막으로 '증명과 정리'에서는 우리가 이 책을 통해 도달하게 된 더 심층적인 생각들과 사실들을 논할 것이다.

각 꼭지는 아름답고 중요하며 오늘날 수학에서 핵심적인 주제

아름다운 기하학

수학자는 방정식을 비롯한
수학적 대상을 기하학을
이용해서 '볼' 때가 많다.
이 그림은 유명한
피타고라스정리
$a^2+b^2=c^2$에 대한
시각적 증명이다.

를 간략하게 소개한다. 모든 주제가 똑같은 형식으로 서술되는데, 목표는 초심자에게 올바른 기초 지식을 제공하는 것이다. '3초 요약'은 줄거리를 최대한 간결하게 제시하고, '30초 수학'은 해당 주제를 조금 더 깊게 다루며, '3분 보충'은 해당 주제가 실제 세계에서 갖는 의미를 더 깊이 파고든다. 이 모든 요소들이 당신에게 수학이 도대체 무엇인지를 차근차근 알아볼 기회를 제공하기를 바란다.

필요한 정보를 얻기 위해 사전처럼 사용한다면, 이 책은 비교적 심오한 수학 개념들에 대한 기초 지식을 제공하기에 충분할 것이다. 책 전체를 읽는다면, 우리가 지금 사는 세계에 못지않게 풍요롭고 의미 있는 또 다른 세계, 곧 수학의 세계를 엿볼 기회를 얻을 수 있을 것이다.

정다면체의 아름다움

정다각형을 이용하여

3차원 입체를 구성하는 방법은

다섯 가지뿐이다.

그 이유는 쉽게 이해할 수 있다.

그래서 정다면체들은 특별할까?

수학자들은 그렇다고 생각한다.

차례

기막힌 우연

대수학과 추상

기하학과 도형

또 다른 차원

증명과 정리

부록

수와 셈

수와 셈
용어해설

계수 변수에 곱한 수. 식 $4x=8$에서 4는 계수, x는 변수다. 계수는 대개 수지만 때로는 a와 같은 기호로 표현되기도 한다. 변수를 동반하지 않은 계수는 상수계수, 또는 상수항이라고 한다.

다각수 점들을 정다각형(정삼각형, 정사각형, 정육각형 등) 모양으로 배열하여 나타낼 수 있는 수.

다항식 수와 변수와 연산으로 이루어지되, 연산은 덧셈, 곱셈, 변수의 양의 정수 거듭제곱(예컨대 x^2)만 허용하는 식(83쪽 다항방정식 참조).

대수적(인) 수 계수가 모두 정수이며 차수가 1차 이상인 다항방정식(대수방정식)의 해인 수. 다시 말해 대수적 수란 다항방정식의 해다. 예컨대 $x^2-2=0$의 해인 $x=\sqrt{2}$는 대수적 수다. 모든 유리수는 대수적 수지만, 무리수는 대수적 수일 수도 있고 아닐 수도 있다. 대수적 수인 무리수의 가장 유명한 예로 흔히 ϕ('파이[faɪ:]')로 표기되는 황금비율(1.61⋯)이 있다.

대수학 순수 수학의 주요 분야 중 하나로, 수들 사이의 관계와 연산을 연구한다. 기초 대수학은 변수를 포함한 식들을 더하거나 빼는 등의 계산에서 어떤 규칙이 성립하는지 탐구하는 일을 포함한다. 고급 대수학은 수가 아닌 수학적 대상들과 구조물들을 가지고 하는 연산과 그것들 사이의 관계 등을 연구한다.

무리수 수직선에 속한 수 가운데 분수로 나타낼 수 없는 수. 가장 흔히 거론되는 무리수로 π('파이')와 $\sqrt{2}$가 있다. 주어진 수가 무리수인지 확인하는 좋은 방법 하나는 그 수를 소수로 표현했을 때 그 소수가 반복 없이 무한정 이어지는지 보는 것이다. 실수의 대부분은 무리수다.

범자연수 자연수와 0을 아울러 범자연수(whole number)라고 한다.

복소수 실수부와 허수부로 이루어진 수. 즉 a와 b가 임의의 실수이고 $i=\sqrt{-1}$일 때, $a+bi$는 복소수다(허수 참조).

분수 정수의 부분을 나타내는 수. 가장 평범한 분수에서 아래에 놓인 수, 곧 분모는 0이 아닌 정수이며 전체가 몇 개의 부분으로 나뉘는지 알려준다. 반면에 위에 놓인 수, 곧 분자는 그 부분이 몇 개 있는지 알려준다. 진

분수, 예컨대 1/3과 2/3는 1보다 작은 반면, 3/2, 4/3과 같은 가분수는 1보다 크다.

수직선 모든 실수를 시각적으로 표현하기 위해 사용하는 수평선. 한가운데 0이 놓이고, 그 왼쪽에 음수, 오른쪽에 양수가 놓인다. 대다수의 수직선에서 양의 정수들 사이의 간격과 음의 정수들 사이의 간격은 동일하다.

실수 수직선상의 한 위치에 해당하는 양을 표현하는 임의의 수. 실수는 모든 유리수와 무리수를 아우른다.

유리수 수직선에 속한 수 가운데 정수들의 비율로 나타낼 수 있는 수. 더 간단히 말해서, 분수로 표현할 수 있는 수. 소수로 표현했을 때 길이가 유한하거나 끝없는 반복이 일어나는 수는 유리수다.

이진법(2진법. 2를 밑으로 하는 수 표기법) 숫자 0과 1만 가지고 수를 표현하는 방법. 10을 밑으로 하는 십진법(10진법)에서 1($10^0=1$)의 자리, 10(10^1)의 자리, 100(10^2)의 자리 등이 있는 것과 마찬가지로, 2를 밑으로 하는 2진법에서는 1(2^0)의 자리, 2($2^1=2$)의 자리, 4(2^2)의 자리 등이 있다. 예컨대 7을 2진법으로 나타내면 111이 된다. 왜냐하면 $7=1\times1+1\times2+1\times4$이기 때문이다.

인수 한 수를 다른 수로 나누어떨어질 때, 둘째 수를 첫째 수의 인수라고 한다. 예컨대 3과 4는 12의 인수다. 1, 2, 6도 12의 인수다.

정수 자연수(일상에서 물건을 셀 때 쓰는 1, 2, 3, 4, 5 등)와 0과 자연수 앞에 음의 기호를 붙인 수를 통틀어 정수라고 한다.

초월수 계수가 모두 정수이고 차수가 1차 이상인 다항방정식의 해가 아닌 수. 즉 대수적 수가 아닌 수. 가장 유명한 초월수로 π가 있다. 초월수의 정의에 따라, 예컨대 $\pi^2=10$은 결코 성립할 수 없는 등식이다. 실수의 대부분은 초월수다.

허수 제곱하면 그 결과로 음수가 나오는 수. 실수를 제곱하면 절대로 음수가 나오지 않으므로, 수학자들은 허수단위 i라는 개념을 개발했다. $i\times i=-1$, 바꿔 말해 $i=\sqrt{-1}$이다. $\sqrt{-1}$을 의미하는 허수단위를 사용하면 다른 방식으로는 풀 수 없는 방정식을 풀 수 있고 실생활에서도 다양하게 이롭다.

1
1
1/2
0.5
1/4
0.25
1/8
0.125
1/16
0.0625

분수와 소수

FRACTIONS & DECIMALS

범자연수 0, 1, 2, 3…은 수학의 기반이며 인류가 수천 년 전부터 사용해왔다. 그러나 범자연수로 모든 양을 나타낼 수는 없다. 만일 농지 15헥타르를 농부 7명에게 나눠준다면, 농부 1명은 15/7(즉 $2\frac{1}{7}$)헥타르를 받을 것이다. 범자연수가 아니면서 가장 간단한 수를 이런 식으로 분수로 표현할 수 있다. 그러나 π처럼 분수로 표현할 수 없는 수도 있다. 과학이 발전하면서 양을 점점 더 정확하게 표현할 필요가 생겼다. 이에 부응하여 인도아라비아 숫자와 자리에 기초한 효과적인 수 표기법인 10진법이 도입되었다. 10진법에서 725는 세 자리 수인데, 왼쪽 첫째 자리(100의 자리)의 7은 700, 둘째 자리(10의 자리)의 2는 20, 셋째 자리(1의 자리)의 5는 5를 의미한다. 1의 자리 오른쪽에 소수점을 찍고 추가로 자리들을 도입하면, 1보다 작은 양도 쉽게 표현할 수 있다. 이렇게 소수점과 그 아래의 자리들이 덧붙은 수를 소수라고 한다. 예컨대 725.43은 700, 20, 5, 4/10, 3/100의 합을 의미한다. 왼쪽이나 오른쪽에 더 많은 자리들을 보충하면 큰 수와 작은 수를 필요한 만큼 정확하게 표현할 수 있다. 실제로 범자연수들 사이에 놓인 임의의 수를 (분수로는 표현할 수 없지만) 소수로 표현할 수 있다. 다시 말해 범자연수들 사이사이의 모든 '실수'를 소수로 표현할 수 있다.

30초 저자
리처드 엘워스

3초 요약
수학의 출발점은 범자연수 0, 1, 2, 3…의 집합이다. 그러나 범자연수들 사이에도 많은 수들이 있는데, 이 수들을 나타내는 방법은 두 가지다.

3분 보충
분수를 소수로, 소수를 분수로 바꿔 표현하는 일은 늘 쉽지만은 않다. 0.25, 0.5, 0.75가 각각 1/4, 1/2, 3/4과 같음을 알아채기는 쉽다. 그러나 1/3이 소수점 아래로 끝없이 3이 반복되는 소수 0.3333…과 같고 1/7이 소숫점 아래로 142857이 끝없이 반복되는 소수 0.14285714…와 같음을 알아채기는 어렵다. 모든 분수는 소수로 표현하면 길이가 유한하거나 반복 패턴이 나타난다. 반면에 π처럼 분수로 표현할 수 없는 수를 소수로 나타내면 길이가 무한하면서 반복 패턴이 나타나지 않는다. 이런 수를 무리수라고 한다.

관련 주제

유리수와 무리수
19쪽
수 표기법
23쪽
0(영)
39쪽

3초 인물 소개
아부 압달라 무함마드 이븐 무사 알콰리즈미
약 790~850

아불 하산 아마드 이븐 이브라힘 알우클리디시
약 920~980

이븐 야할 알마그리비 알사마왈
약 1130~1180

레오나르도 피사노 (피보나치)
약 1170~1250

자연수를 분할하여 분수를 만들 수 있고, 분수를 소수로 표현하면 그 값을 더 쉽게 가늠할 수 있다.

$\frac{3}{11}$
$\sqrt{2}$
π

유리수와 무리수

RATIONAL & IRRATIONAL NUMBERS

30초 저자
데이비드 페리

실수는 양수와 음수와 0으로 이루어지며 여러 방식으로 분류할 수 있다. 가장 기본적인 분류법은 1/2이나 −7/3처럼 분수로 표현할 수 있는 수(유리수라고 함)와 그럴 수 없는 수(무리수라고 함)로 분류하는 것이다. 고대 그리스인은 모든 수가 유리수라고 믿었으나, 결국 피타고라스의 추종자 하나가 $\sqrt{2}$는 유리수가 아님을 증명했다. 주어진 수가 유리수인지 무리수인지 판정하려면 그 수의 소수 표현을 살펴보면 된다. 소수로 표현했을 때 길이가 유한하거나 반복 패턴이 나타나면(예컨대 3/11=0.272727…) 유리수다. 무리수의 소수 표현은 길이가 무한하면서 반복 패턴이 없다(예컨대 π=3.14…). 그러나 다른 분류법도 있다. 유리수와 일부 무리수는 대수적인 수다. 즉 계수가 모두 정수인 다항방정식의 해다. 이를테면 $\sqrt{2}$는 $x^2-2=0$의 해다(83쪽 다항방정식 참조). 반면에 훨씬 더 많은 무리수는 대수적이지 않다. 예컨대 π가 그렇다. 대수적이지 않은 수를 일컬어 초월수라고 한다. 오직 무리수만 초월수일 수 있다.

관련 주제

분수와 소수
17쪽
지수와 로그
47쪽
다항방정식
83쪽
원주율 파이
99쪽
피타고라스
103쪽

3초 인물 소개

메타폰툼의 히파소스
기원전 5세기에 활동

요한 람베르트
1728~1777

샤를 에르미트
1822~1901

페르디난트 폰 린데만
1852~1939

3초 요약
실수(양을 나타내며 소수로 표현할 수 있는 수)는 유리수이거나 무리수다. 그러나 일부 무리수는 다른 무리수보다 더 특이하다.

3분 보충
고대 그리스인의 철학은 측정 가능한 모든 값은 정수이거나 적어도 정수들의 비율이라고 주장했다. 전설에 따르면 피타고라스 추종자들은 $\sqrt{2}$가 무리수라는 발견에 몹시 격분했고 이 진실이 세상에 알려지는 것을 막기 위해 메타폰툼의 히파소스를 살해했다. 직관적으로 생각하면 π 같은 수는 더 확실하게 무리수인 듯한데, 이 사실은 250년 전에야 증명되었고, 다시 100년이 지난 뒤에야 π가 초월수라는 사실이 증명되었다.

분수로 표현할 수 있는 실수는 유리수다.
그렇지 않은 실수는 무리수다.

+641 +542 +4 +5622 +414 +477

허수

IMAGINARY NUMBERS

30초 저자
리처드 엘워스

오랜 세월에 걸쳐 수학자들은 수의 집합을 여러 번 확장했다. 일찌감치 이루어진 확장은 음수를 포함시킨 것이었다. 예를 들어 상업에서 +4가 단위 네 개만큼의 이익을 뜻한다면, −4는 단위 네 개만큼의 손실을 의미한다. 음수 계산은 한 가지 놀라운 특성을 지녔다. 양수에 음수를 곱하면, 결과로 음수가 나온다. 이를테면 $-4\times3=-12$다. 반면에 음수에 음수를 곱하면, 양수가 나온다. $-4\times-3=12$다. 따라서 제곱하면 결과로 음수가 나오는 그런 수는 (양수와 음수를 통틀어) 원래 전혀 없었다. 따라서 $x^2=-1$과 같은 일부 단순한 방정식은 절대로 풀 수 없었고, 이는 더 복잡한 방정식을 푸는 데 (설령 해가 존재하더라도) 걸림돌이 되었다. 이 문제는 새로운 '허수' i를 도입함으로써 개선되었다. i는 −1의 제곱근으로 정의된다. 즉 $i\times i=-1$이다. i의 도입은 원래 계산의 편의를 위한 꼼수였으며 일찍부터 논란이 많았다. 데카르트는 '허수'라는 용어를 지어낼 때 멸시적인 의미를 담으려 했다. 그러나 세월이 지나면서 허수는 다른 모든 유형의 수와 동등한 지위를 인정받게 되었다. 오늘날 수학자들이 선호하는 수 집합은 '복소수'라는 것인데, 복소수는 $2+3i$나 $1/2-1/4i$와 같은 형태다. 즉 복소수의 일반 형태는 $a+bi$다. 이때 a와 b는 '실수'(소수로 표현할 수 있는 수)다.

관련 주제
분수와 소수
17쪽
다항방정식
83쪽
리만 가설
153쪽

3초 인물 소개
니콜로 폰타나
(타르탈리아)
1500~1557
지롤라모 카르다노
1501~1576
라파엘 봄벨리
1526~1572
카를 프리드리히 가우스
1777~1855
오귀스탱 루이 코시
1789~1857

3초 요약
오늘날 수학자들은 확장된 수 집합을 다루는데, 그 집합에는 −1의 제곱근인 '허수' i도 속한다.

3분 보충
복소수를 도입하면 x×x=−1과 같은 방정식도 풀 수 있다. 그렇다면 예컨대 x×x=i도 풀 수 있는지, 아니면 이 ;방정식을 풀려면 수의 집합을 더 확장해야 하는지 궁금할 법하다. 간단히 정답을 말하면, 복소수만 있으면 충분하다. 복소수의 집합에는 가능한 모든 다항방정식의 해가 들어 있다. 이 놀라운 사실을 일컬어 대수학의 기본 정리라고 한다.

일부 수학자들이 보기에는 양의 정수와 음의 정수만으로는 부족하고 허수가 필요했다.

수 표기법

COUNTING BASES

30초 저자
리처드 브라운

수들을 0부터 차례로 적을 때 우리는 9 다음에는 앞자리에 '1'을 적고 연이어 아까 썼던 숫자들을 다시 적는다. 왜냐하면 우리는 10을 밑으로 하는 수 표기법인 10진법을 사용하기 때문이다. 그러나 수 표기법의 밑으로 항상 10이 선호되었던 것은 아니다. 고대 바빌로니아 사람은 60을 수 표기법의 밑으로 사용했다. 즉 우리처럼 9에서 멈추고 한 자리를 늘리는 대신에 59에서 그렇게 했다. 이 60진법의 잔재는 지금도 남아 있는데, 이를테면 한 시간이 60분이고, 한 바퀴 회전이 360도인 것이 그 예다. 12를 밑으로 하는 수 표기법, 곧 12진법은 영어의 'dozen'(=12)과 'gross'(=12×12)에 흔적을 남겼다. 과거 유럽에서는 20진법이 흔히 쓰였다(에이브러햄 링컨의 유명한 게티즈버그 연설에서 '4 score and 7 years ago{4스코어 더하기 7년 전에}'의 형태로 등장하는 'score'는 20을 뜻한다). 현대적인 컴퓨터는 2를 밑으로 하는 2진법을 사용한다. 이 수 표기법에서는 0과 1만 쓰인다. 따라서 전기회로의 닫힘/열림과 같은 양자택일적 상태 2가지만 있으면 2진법 계산 체계를 구현할 수 있다. 이런 연유로 초기에는 2진법을 채택해야 컴퓨터 제작이 용이했다. 밑을 무엇으로 하든 덧셈과 곱셈은 잘 정의되며 대수학도 가능하다. 다음번에 누가 1 더하기 1은 무엇이냐고 묻거든, (2진법 덧셈에서는) 10이라고 대답해보라!

관련 주제
0(영)
39쪽

3초 인물 소개
고트프리트 라이프니츠
1646~1716
조지 불
1815~1864

3초 요약
'밑'이란 수 표기법에서 사용하는 숫자의 가짓수를 말한다.

3분 보충
중앙아메리카의 마야인도 '장기 계측(long count)' 달력에 20진법을 사용했다. 하지만 그들은 셋째 자리의 자릿값을 400=20×20이 아니라 360=18×20으로 수정했다. 어쩌면 한 해의 날수와 얼추 맞추기 위해서였을지도 모른다. 우리가 10진법을 선호하는 것은 단지 우리의 손가락 10개가 편리한 계산도구이기 때문일지도 모른다. 그렇다면 마야인은 샌들 위로 드러난 발가락들까지 계산도구로 삼았던 것일까?

가장 널리 쓰이는 수 표기법은 10진법이다. 바빌로니아인은 60가지 숫자를 사용한 반면, 컴퓨터는 간단히 2가지 숫자만 사용한다.

1	2	3	4	5	6	7	8	9	10
11	12	13	14	15	16	17	18	19	20
21	22	23	24	25	26	27	28	29	30
31	32	33	34	35	36	37	38	39	40
41	42	43	44	45	46	47	48	49	50
51	52	53	54	55	56	57	58	59	60
61	62	63	64	65	66	67	68	69	70
71	72	73	74	75	76	77	78	79	80
81	82	83	84	85	86	87	88	89	90
91	92	93	94	95	96	97	98	99	100

소수

PRIME NUMBERS

30초 저자
데이비드 페리

대부분의 자연수는 더 작은 인수들로 분해된다. 예컨대 100=4×25다. 또한 100=20×5도 성립한다. 두 등식 중 어느 쪽이라도 선택해서 우변의 인수들을 더 작은 인수들로 분해하면, 결국 100의 소인수분해를 표현한 등식 100=2×2×5×5에 도달하게 된다. 이 등식의 우변에 나오는 인수들을 더 분해할 수는 없다. 그것들은 자기 자신과 1로만 나누어떨어지는 소수이기 때문이다. 수학자들은 소수를 주목하기 시작하면서부터 소수들의 배열 패턴을 찾으려 애썼지만 성공하지 못했다. 소수의 개수는 유한한가, 아니면 점점 더 큰 소수가 얼마든지 있는가라는 질문도 제기되었다. 유클리드는 『기하학원본』에서 무한히 많은 소수가 있음을 멋지게 증명했다. 174억 6,399만 1,229는 소수다. 이 큰 수가 소수라는 것을 어떻게 알까? 이 수를 더 작은 모든 자연수로 나눠본 결과 인수가 1밖에 없으면, 이 수는 소수라고 단언할 수 있다. 하지만 이것은 느린 방법이고, 더 나은 방법들이 존재한다. 현재까지 알려진 가장 큰 소수는 자릿수가 1,000만을 넘는다. 이런 소수를 찾아내려면 영리한 방법이 필요하다. 큰 소수를 찾아내는 일은 시시해 보일지 몰라도, 1970년대에 혁명적인 발상을 기초로 개발한 통신 보안 기술은 큰 소수들을 이용한다. 이 기술은 오늘날 인터넷 곳곳에서 온라인 쇼핑을 가능케 한다.

관련 주제
수론
33쪽
유클리드의 『기하학원본』
97쪽

3초 인물 소개
유클리드
전성기 기원전 300
카를 프리드리히 가우스
1777~1855
자크 아다마르
1865~1963
샤를장 드 라 발레푸생
1866~1962

3초 요약
소수란 1과 자기 자신에 의해서만 나누어떨어지는 양의 정수다. 소수는 '분해'되지 않으며, 양의 정수와 소수 사이의 관계는 물질과 원소 사이의 관계와 같다.

3분 보충
수들을 소인수분해해보면, 한 수를 소인수분해한 결과가 항상 똑같다는 사실이 당연하게 느껴진다. 그러나 수를 더 많이 공부하면 할수록, 이 사실은 점점 덜 자명해진다. 한 수를 소인수분해한 결과가 단 하나뿐이라는 것은 실제로 참이며 대단히 중요해서 산술의 기본정리로 불린다. 소수들을 차례로 산출하는 공식은 없지만, 소수 정리는 특정한 자연수보다 크지 않은 소수가 얼마나 많은지를 근사적으로 알려준다.

1과 자기 자신에 의해서만 나누어떨어지는 소수는 오래전부터 수학자들을 매혹했다. 큰 소수의 발견은 오늘날 실용적으로 중요하다.

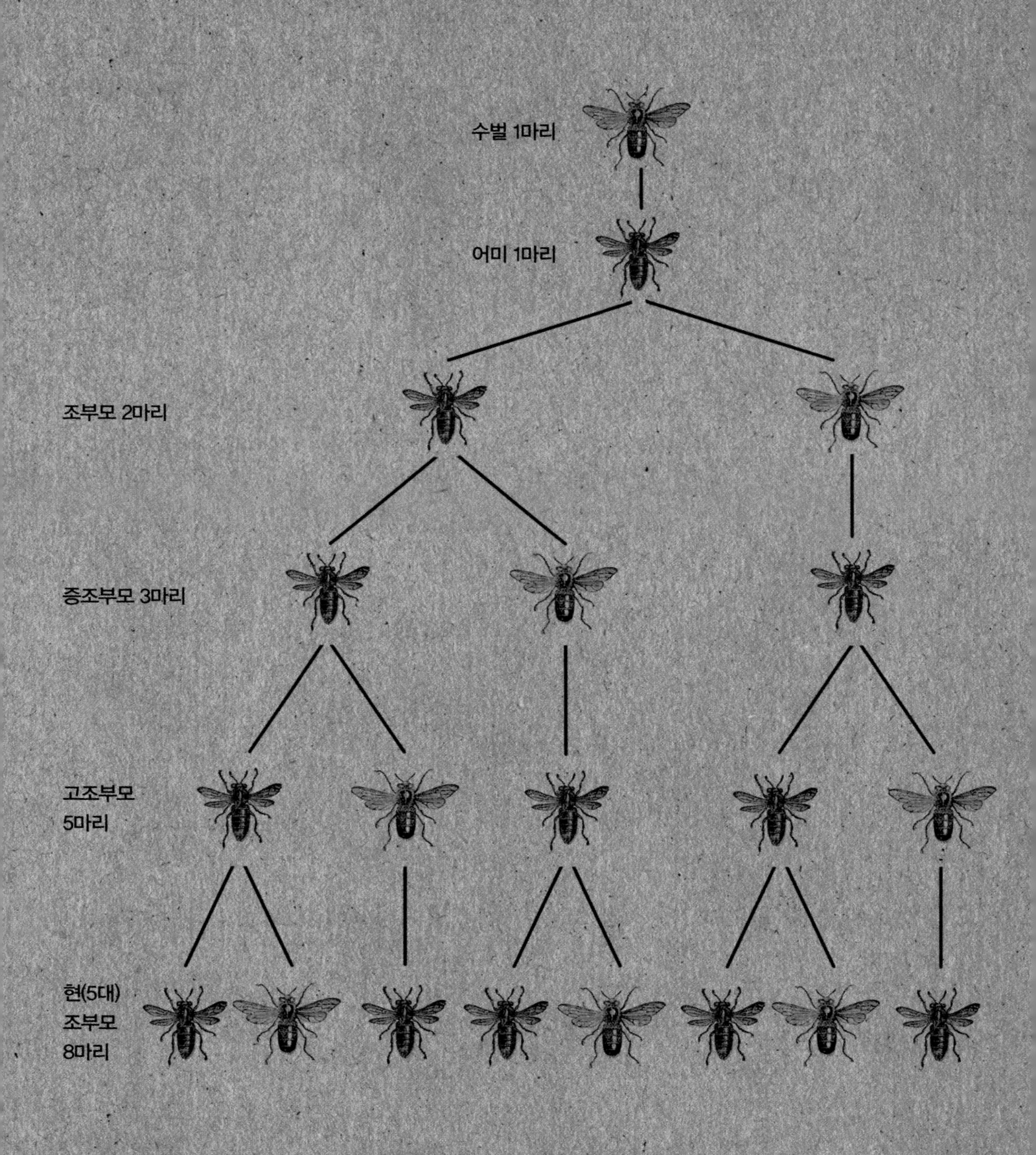
수벌 1마리
어미 1마리
조부모 2마리
증조부모 3마리
고조부모
5마리
현(5대)
조부모
8마리

수벌
암벌

피보나치수열

FIBONACCI NUMBERS

30초 저자
제이미 폼머스하임

1, 1, 2, 3, 5, 8, 13, 21, 34, 55, 89, 144, 233 등으로 이어지는 피보나치수열에서 (처음 두 항을 뺀 나머지) 각 항은 앞선 두 항의 합이다. 이 간단한 규칙에서 나오는 피보나치수열은 수론에서 특별한 구실을 하며 기이한 속성들을 많이 지녔다. 피보나치수열에서 첫째 항부터 n번째 항까지를 전부 더한 결과는 $n+2$번째 항보다 1만큼 작다. 예컨대 1+1+2+3+5+8은 21보다 1만큼 작다. 피보나치수열에서 각 항의 제곱을 n번째 항까지 더한 결과는 n번째 항과 $n+1$번째 항을 곱한 값과 같다. 예컨대 1+1+4+9+25+64=8×13. 잇따른 두 항의 비율, 즉 1 : 1, 2 : 1. 3 : 2, 5 : 3, 8 : 5 등은 황금비율 $\phi=1.618\cdots$로 수렴한다. 기하학에서는, 변의 길이가 피보나치수(피보나치수열에 속한 수)인 정사각형들을 짜 맞추면 멋진 황금나선을 얻을 수 있다. 인간이 피보나치수열에 매혹되기 훨씬 전에 식물들은 이 수열의 경제성을 발견했다. 많은 식물(예컨대 파인애플, 해바라기, 아티초크)의 잎이나 싹, 씨앗 등은 나선 구조로 배치되는데, 그 배치에서 잇따른 피보나치수 2개가 발견된다. 예컨대 파인애플 표면의 비늘들을 자세히 관찰하면, 한 방향으로 감긴 나선에는 비늘이 8개, 반대 방향의 나선에는 비늘이 13개 있음을 확인할 수 있을 것이다. 동물계에서는 꿀벌의 가계도에서 피보나치수열을 발견할 수 있다.

관련 주제
수론
33쪽
황금비율
101쪽

3초 인물 소개
레오나르도 피사노
(피보나치)
약 1170~1250

3초 요약
앞선 두 항을 더해서 다음 항을 얻는다는 간단한 규칙으로 자연이 가장 선호하는 수열의 하나인 피보나치수열을 만들 수 있다.

3분 보충
1202년, '피보나치'라고도 불리는 레오나르도 피사노는 자신의 저서 『계산 책』에서 토끼의 번식에 관한 수수께끼를 냈다. 어쩌면 비현실적이게도 그는 어른 토끼 한 쌍은 한 달이 지날 때마다 새끼 토끼 한 쌍을 낳고, 새끼 토끼들은 한 달이 지나면 어른이 된다고 가정했다. 맨 처음 1월에 새끼 토끼 한 쌍이 있었다면, 12월에는 144쌍의 토끼가 있게 된다.

피보나치수열은 꿀벌의 가계도에서도 등장한다.
수벌에게는 어미만 있는 반면,
암벌에게는 어미와 아비가 있다.

1
1 1
1 2 1
1 3 3 1
1 4 6 4 1
1 5 10 10 5 1
1 6 15 20 15 6 1
1 7 21 35 35 21 7 1
1 8 28 56 70 56 28 8 1
1 9 36 84 126 126 84 36 9 1
1 10 45 120 210 252 210 120 45 10 1
1 11 55 165 330 462 462 330 165 55 11 1
1 12 66 220 495 792 924 792 495 220 66 12 1

파스칼의 삼각형

PASCAL'S TRIANGLE

30초 저자

리처드 엘워스

(1 1), (1 2 1), (1 3 3 1), (1 4 6 4 1)…이 계열에서 다음 항은 무엇일까? 이 질문은 '이항전개'라는 중요한 대수학 문제다. 우선 $(1+x)$를 출발점으로 삼고, 이것을 제곱하라. 그러면 $(1+x)^2=1+2x+1x^2$이 나온다. $(1+x)$를 세 번 곱한 결과는 이러하다. $(1+x)^3=1+3x+3x^2+1x^3$. 네 번 곱한 결과도 보자. $(1+x)^4=1+4x+6x^2+4x^3+1x^4$. 그다음 곱셈(다섯제곱)을 괄호를 풀어 전개한 결과는 이런 모양일 것이다. $(1+x)^5= 1+?x+?x^2+?x^3+?x^4+?x^5$ 이때 물음표(?) 자리에 들어갈 수들은 정확히 무엇일까? 파스칼은 이런 질문의 답을 신속하게 알아내는 방법을 고안하려 했고 결국 그의 이름을 따라 명명된 삼각형의 가로행들이 그 답임을 발견했다. 파스칼의 삼각형에서 첫째 가로행은 1 하나로 이루어진다. 그 아래 둘째 가로행에는 1 두 개가 놓인다. 셋째 가로행에는 양끝에 1이 놓이고 그 사이에 2가 놓이는데, 이 2는 바로 위에 놓인 1과 1의 합이다. 파스칼은 이런 식으로 새로운 가로행을 계속 만들어 삼각형 수 배열을 끝없이 확대할 수 있음을 통찰했다. 새로운 가로행에서 양끝의 수는 1이고 중간 수들은 바로 위에 놓인 두 수의 합이다(과거에도 이와 유사한 결론에 도달한 사람들이 있었다. 예컨대 인도의 사상가 핑갈라는 파스칼보다 1,000년 이상 먼저 유사한 결론에 이르렀다). 파스칼의 삼각형은 복잡한 대수학 없이 약간의 덧셈만으로 쉽게 만들 수 있다. 이 삼각형의 가로행 각각은 이항전개 문제의 답이다. 예컨대 $(1+x)^5$을 전개한 결과에 어떤 계수들이 등장하는지 알고 싶다면 파스칼의 삼각형에서 여섯 째 가로행을 보면 된다. 그 계수들은 1, 5, 10, 10, 5, 1이다.

관련 주제

피보나치수열
27쪽

변수
79쪽

다항방정식
83쪽

3초 인물 소개

핑갈라
기원전 약 200년

아부 베크르 이븐 무함마드 이븐 알후사얀 알카라지
953~1029

양휘(楊輝)
1238~1298

블레즈 파스칼
1623~1662

아이작 뉴턴
1643~1727

3초 요약

블레즈 파스칼이 고안한 유명한 삼각형은 흥미로운 패턴을 다수 지녔을 뿐더러 대수학에서 매우 중요한 도구다.

3분 보충

파스칼의 삼각형에는 흥미로운 수 패턴이 많이 들어 있다. 첫째 대각선은 1로만 이루어졌고, 둘째 대각선은 자연수를 순서대로 나열한 것과 같다. 셋째 대각선에는 이른바 삼각수(triangular number)인 1, 3, 6, 10, 15…가 놓인다. 삼각수란 예컨대 포켓볼을 시작할 때처럼 당구공들을 삼각형으로 배열하려면 필요한 공의 개수다. 파스칼의 삼각형 속에는 피보나치수열도 숨어 있다. 45도 방향 대각선 각각에 놓인 수들의 합을 나열하면 피보나치수열이 만들어진다.

파스칼의 삼각형은 많은 수학적 패턴을 지녔으며 몇몇 대수학 문제의 답을 깔끔하게 알려준다.

1623년 6월 19일
클레몽(현재 지명은 클레몽페랑)에서 출생

1631년
가족과 함께 파리로 이주하다

1639년
『원뿔곡선에 관한 논문』을 씀
가족 전체가 루앙으로 이주하다

1642~1645년
기계식 계산기 '파스칼린'을 제작하다

1647년
데카르트와 만남나다
『진공에 관한 새로운 실험들』을 발표하다

1650년
얀센주의로 개종하다

1653년
과학 연구를 재개하다

1653년
압력에 관한 파스칼의 법칙을 설명하는 『액체의 평형에 관한 논문』을 발표하다

1654년
페르마와 편지를 주고받다

1655년
'파스칼의 삼각형'을 만드는 방법을 담은 논문을 발표하다. 선도적인 얀센주의 철학자 앙투안 아르노(Antoine Arnauld)와 만나다

1656~1657년
〈시골 친구에게 보내는 편지〉를 써서 얀센주의를 옹호하다

1658년
『사이클로이드에 관한 논문』을 쓰다

1658년
철학적 · 신학적 내용의 짧은 글들을 모아 책을 내기 위한 작업에 착수하다. 그가 구상한 책은 훗날 『팡세』로 출판되다

1662년 8월 19일
파리에서 사망

1670년
『팡세』가 유작으로 출판되다

1770년
『원뿔곡선에 관한 논문』이 출판되다

블레즈 파스칼

만성편두통, 불면증, 소화불량에 시달린 파스칼은 짧지만 생산적인 생애의 대부분을 심한 고통 속에서 보냈다. 그럼에도 그는 탁월한 수학자, 물리학자, 철학자, 신학자가 되었으며 당대의 가장 위대한 지식인들과 함께 연구하고 논쟁했다. 세 살 때 어머니를 잃고 집에서 아버지에게 교육을 받은 파스칼은 아버지가 금지한 수학을 몰래 공부했다. 열두 살 때 아버지가 금지를 풀자 파스칼은 수학을 더욱 열심히 공부했고 나중에는 세금 징수원으로 일하는 아버지를 돕기 위해 계산기를 제작했다. '파스칼린(Pascaline)'이라는 그 계산기는 최초의 기계식 계산기가 아니었고 50대가 제작되긴 했지만 상업적으로 성공하지도 못했다. 그러나 파스칼린의 구조와 그 바탕에 깔린 이론은 고트프리트 라이프니츠에게 큰 영향을 미쳤다.

파스칼은 성인 시절 내내 진공의 존재를 놓고 철학자 데카르트와 논쟁을 벌였다. 진공 따위는 존재하지 않는다는 데카르트의 그릇된 견해를 반박하기 위해 파스칼은 유체정역학에 관한 책을 썼다. 또한 '파스칼의 삼각형'(28~29쪽 참조)을 개발했으며, 피에르 드 페르마와 편지를 주고받으면서 확률론의 기초를 확립했다. 마지막 업적은 골수 도박꾼 슈발리에 드 메레의 공로이기도 하다. 그가 파스칼에게 이런 질문을 던진 것이 확률론 연구의 단초가 되었다. 실력이 대등한 두 사람이 판돈을 걸고 게임을 하다가 중도에 그만둘 경우, 판돈을 어떻게 나눠야 할까요? 1646년, 파스칼의 아버지가 병에 걸려 포르루아이얄 수도원 소속 얀센주의 수도사들의 간호를 받았다. 파스칼과 여동생 자클린은 이 일에 깊은 감명을 받아 얀센주의로 개종했다. 말년에 파스칼은 신앙과 이성을 조화시키려 애쓰며 많은 시간을 보냈다. 그의 노력을 대표하는 것은 아마도 『팡세』에 나오는 '파스칼의 내기'이지 싶다. 철학적인 글들을 모은 책인 『팡세』는 파스칼의 생전에 완성되지 않았다. '파스칼의 내기'는 신의 존재에 관한 논증으로, 만일 내기를 건다면 신이 존재한다는 쪽에 걸어야 할지 반대쪽에 걸어야 할지를 논한다. 당신이 신이 존재한다는 쪽에 건다고 가정해보자. 이때 정말로 신이 존재한다면, 당신은 확실히 천국에 갈 테고, 신이 존재하지 않는다면, 당신은 잃을 것이 없다. 따라서 신이 존재한다는 쪽에 내기를 걸어야 한다고 파스칼은 주장한다.

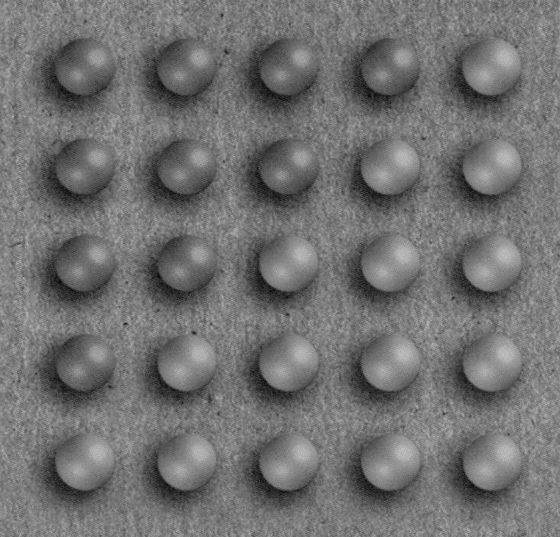

임의의 사각수는
삼각수 두 개의 합이다.
이 그림에서 5^2은
10과 15의 합이다.

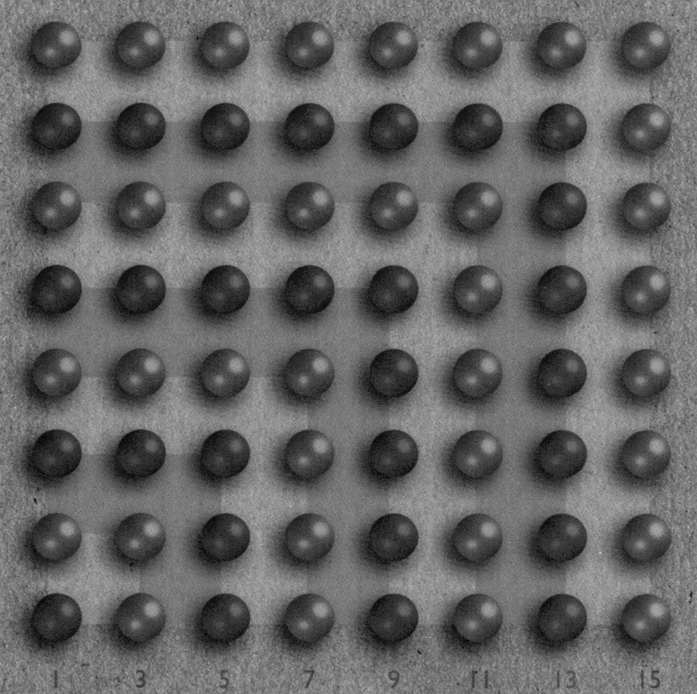

1부터 시작해서 잇따른
홀수들을 더하면 결과로
사각수들이 나온다.
이 그림은
$1+3+5+\cdots+15=64=8^2$
임을 보여준다.

수론

NUMBER THEORY

수론이란 수의 흥미로운 속성들에 대한 연구다. 예컨대 2가 아닌 소수를 아무것이나 하나 골라서 4로 나눠보라. 나머지는 틀림없이 1이거나 3일 것이다. 만일 나머지가 1이라면, 제곱수 두 개를 더해서 그 소수를 만들 수 있음을 증명할 수 있다. 예를 들어 73을 4로 나누면 몫은 18, 나머지는 1이다. 잠시 따져보면, $73=9+64=3^2+8^2$임을 알 수 있다. 한편, 나머지가 3이라면, 제곱수 두 개를 더해서 그 소수를 만들 길은 없다(7이나 59를 두 제곱수의 합으로 나타내보라). 왜 그럴까? 수학자들은 이런 흥미로운 규칙성을 발견하는 것으로 만족하지 않는다. 그 규칙성이 항상 성립함을 증명하고자 한다. 고대 그리스 수학자들은 나누어떨어짐과 관련된 속성들을 연구하기 시작했으며 그 결과로 소수의 개념에 이르렀다. 또한 다각수와 다각수들 간 상호관계에 대한 연구도 즐겼다. 당신이 특정한 개수의 돌멩이들을 배열하여 정삼각형이나 정사각형, 정오각형 등을 만들 수 있다면, 그 개수를 일컬어 다각수라고 한다. 유클리드는 어떤 경우에 사각수(=제곱수) 두 개를 더한 결과가 다시 사각수가 되는지 알려주는 공식을 제시하기까지 했다. 피에르 드 페르마는 이와 유사한 방정식들을 탐구하다가 유명한 페르마의 마지막 정리를 추측하기에 이르렀다.

관련 주제

소수
25쪽
환과 체
91쪽
유클리드의 『기하학원본』
97쪽
페르마의 마지막 정리
139쪽

3초 인물 소개

피타고라스
기원전 약 570~495

유클리드
전성기 기원전 300

피에르 드 페르마
1601~1665

카를 프리드리히 가우스
1777~1855

G. H. 하디
1877~1947

수론의 연구 대상인 다각수란 정다각형 모양의 배열로 표현할 수 있는 수를 말한다.

30초 저자
데이비드 페리

3초 요약
수론이란 다양한 수 집합의 속성과 행동을 연구하는 수학 분야다.

3분 보충
카를 프리드리히 가우스는 과학의 여왕은 수학이요 수학의 여왕은 수론이라고 선언했다. 약 70년 후, G. H. 하디는 가우스의 정신을 이어받아 오로지 발견된 진리의 놀라운 아름다움만을 추구하는 수학 분야이자 실용성에 오염되지 않은 수학 분야인 수론을 자랑스럽게 즐겼다. 더 나중에 수론이 뜻밖에도 암호기술에 응용되기 시작했을 때, 수학의 여왕이 어떤 식으로든 아름다움을 잃었다고 생각한 사람은 거의 없었다.

수의 작동

수의 작동
용어해설

결합성 수에 대한 연산이 가질 수 있는 한 속성. 한 식 안에 특정 연산이 두 번 이상 등장하는데 연산의 순서가 결과에 영향을 미치지 않는다면, 그 연산은 결합성을 지녔다고 한다. 예컨대 곱셈은 결합성을 지녔다. 왜냐하면 $(a \times b) \times c = a \times (b \times c)$이기 때문이다.

교환성 수에 대한 연산이 가질 수 있는 한 속성. 연산되는 두 수를 맞바꿔도 결과에 변함이 없을 때, 연산은 교환성을 지녔다고 한다. 예컨대 곱셈은 교환성을 지녔다. 왜냐하면 $3 \times 5 = 5 \times 3$이기 때문이다.

단자론 고트프리트 라이프니츠가 『단자론』(1714년 출판)에서 펼친 형이상학. 이 철학의 핵심은 단자(monad)라는 개념이다. 단자란 라이프니츠가 '사물의 원소'라고 부른 단순한 실체다. 단자 각각은 특정한 방식으로 행동하도록 프로그래밍되어 있다.

대수식 수를 나타내는 철자나 기타 기호를 포함한 식. 아라비아 숫자와 +, −, $\sqrt{\ }$(제곱근) 등의 연산기호도 포함할 수 있다. 대수식은 아무리 복잡하더라도 항상 단 하나의 값을 나타낸다.

데카르트 좌표 격자 형태의 눈금이 매겨진 그래프나 지도에서 특정한 점의 위치를 나타내는 두 수. 해당 점이 기준점(대개 수평축과 수직축의 교차점)에서 수평축 방향으로 떨어진 거리를 나타내는 수(x좌표)와 수직축 방향으로 떨어진 거리를 나타내는 수(y좌표)로 이루어진다.

미분방정식 미지의 함수와 그것의 도함수를 포함한 방정식. 미분방정식은 과학자들이 물리학과 공학에서 물리적 · 역학적 과정을 모형화할 때 사용하는 주요 도구다.

변수 값이 바뀔 수 있는 양. 변수는 흔히 x, y 등의 철자로 표기된다. 방정식 $3x=6$에서 3은 계수, x는 변수, 6은 상수다.

불 대수학(논리학) 대수학의 한 형태인 불 대수학에서는 논리학 명제를 대수방정식으로 표현한다. '곱셈', '덧셈', '음수 기호'는 각각 '그리고'. '또는', '아니다'를 뜻하며, 0과 1은 '거짓'과 '참'을 뜻한다. 불 대수학은 컴퓨터 프로그래밍의 발전에 중요한 역할을 했다(지금도 한다).

수직선 모든 실수를 시각적으로 나타내기 위해 그은 수평선. 중앙에 0이 놓이고, 음수들은 그 왼쪽으로, 양수들은 그 오른쪽으로 무한정 이어진다. 대다수의 수직선에서 음의 정수들 사이의 간격과 양의 정수들 사이의 간격은 같게 표현된다.

승수 곱셈을 어떤 수에 얼마를 곱하는 작업으로 간주할 때 '얼마'에 해당하는 수. '어떤 수'에 해당하는 것은 피승수라고 한다. 3×9=27에서 3은 피승수, 9는 승수다.

식 수, 기호, +(덧셈), ×(곱셈) 등의 연산으로 이루어졌으며 특정한 값을 나타내는 표현.

실수 수직선상의 한 위치에 대응하는 수. 실수는 모든 유리수와 모든 무리수를 아우른다. 유리수란 분수로 표현할 수 있는 수로, 양의 정수와 음의 정수를 포함한다. 무리수는 $\sqrt{2}$처럼 평범한 함수로 표현할 수 있는 무리수와 그렇게 표현할 수 없는 초월수로 세분된다.

양자역학 물리학의 한 분야인 양자역학에서 수식은 아원자 입자들의 운동과 상호작용(예컨대 파동-입자 이중성)을 서술할 때 핵심 역할을 한다.

지수 어떤 수('밑'이라고 함)를 거듭제곱하는 회수를 나타내는 수. 등식 $4^3=64$에서 지수는 3, 밑은 4다. 제곱을 '승'으로 읽어서 4^3을 '4의 3승'으로 읽기도 한다.

함수 한 양('독립변수' 혹은 '입력')에 함수를 적용하면 다른 양('종속변수' 혹은 '출력')이 나온다. 함수를 흔히 $f(x)$로 적는다. 예컨대 $f(x)=x^2$은 입력 x에 대하여 출력 x^2을 산출하는 함수다. 즉 $f(5)=25$, $f(9)=81$ 등이다. 모든 입력들의 집합과 모든 출력들의 집합을 상정한다면, 함수는 입력 집합의 원소 각각을 출력 집합의 원소 하나와 연결하는 기계라고 할 수 있다.

0(영)

ZERO

‘영’을 뜻하는 기호는 여러 고대 문명의 수 표기법에서 빈칸을 표시할 목적으로 쓰였다. 예컨대 바빌로니아 문명, 그리스 문명, 마야 문명에서 그런 기호가 쓰였는데, 그리스에서는 유독 천문학자들만 그런 기호를 사용했다. 오늘날 우리가 사용하는 숫자 체계의 기원지인 인도에서도 0의 용도는 빈칸을 표시하는 것이었다. 기원후 628년에 브라마굽타는 0을 빈칸 기호가 아니라 수로 취급하는 최초의 책을 썼다. 그는 0과 음수를 다루는 산술의 규칙을 제시했다. 알콰리즈미는 820년에 인도 숫자체계를 이슬람 세계에 들여왔다. 피보나치는 1202년에 『계산 책』을 써서 인도아라비아 숫자를 유럽에 소개하고 0의 사용을 일반화했다. 0은 실수 가운데 유일하게 양수도 아니고 음수도 아닌 수다. 0은 덧셈의 항등원이다. 즉 임의의 실수 a에 대하여 $a+0=a$다. 말로 풀면, 0을 더하는 것은 아무것도 더하지 않는 것과 같다. 더 나아가 $a\times0=0$, 그리고 a가 0이 아닐 때 $0/a=0$이다. 양의 실수(예컨대 1)를 0으로 나누면 몫이 무한대가 된다고 생각할 수도 있겠지만, 엄밀히 말하면 이 나눗셈은 무의미하다. 그래서 수학자들은 어떤 수를 0으로 나누는 나눗셈은 정의되어 있지 않다고만 말한다. 0은 2로 나누어떨어지므로 짝수다. 지수가 0인 거듭제곱의 결과는 항상 1이다. 예컨대 0이 아닌 임의의 실수 a에 대하여 $a^0=1$이다. 일부 수학자는 수를 셀 때 1이 아니라 0에서 출발하는 편을 더 선호한다.

0은 있으나마나 한 놈이 아니라 당당한 정수다.

관련 주제

수 표기법
23쪽
무한
41쪽
덧셈과 뺄셈
43쪽
곱셈과 나눗셈
45쪽
지수와 로그
47쪽

3초 인물 소개

브라마굽타
598~약 670

아부 압달라 무함마드 이븐 무사 알콰리즈미
약 780~850

레오나르도 피사노 (피보나치)
1170~1250

30초 저자

로버트 파다우어

3초 요약

기호 0으로 표현되는 ‘영’은 ‘양이 없음’을 뜻한다. 영어에서는 ‘zero’ 외에도 ‘nil’, ‘naught’, ‘zilch’, ‘zip’, ‘cipher’, ‘goose egg’ 등이 같은 뜻으로 쓰인다.

3분 보충

불 논리학에서 0은 ‘거짓’을 뜻하고, 전기 기구에서 0은 ‘꺼짐’을 뜻한다. 물리학에서 절대영도는 이론적으로 가능한 최저 온도다. 영어에서 ‘subzero’(=영하)는 음수나 음의 양을 의미한다. ‘zero’를 동사로 써서 장치를 ‘zero’한다고 말할 때도 있는데, 이 말의 의미는 장치의 값을 0으로 맞춘다는 것이다. ‘zero’는 중요하지 않은 사람이나 사물을 뜻하는 말로도 흔히 쓰인다. 실수를 통틀어 가장 다재다능하고 매우 중요한 ‘zero’를 이런 뜻으로 쓴다는 것은 부적절하지 싶다.

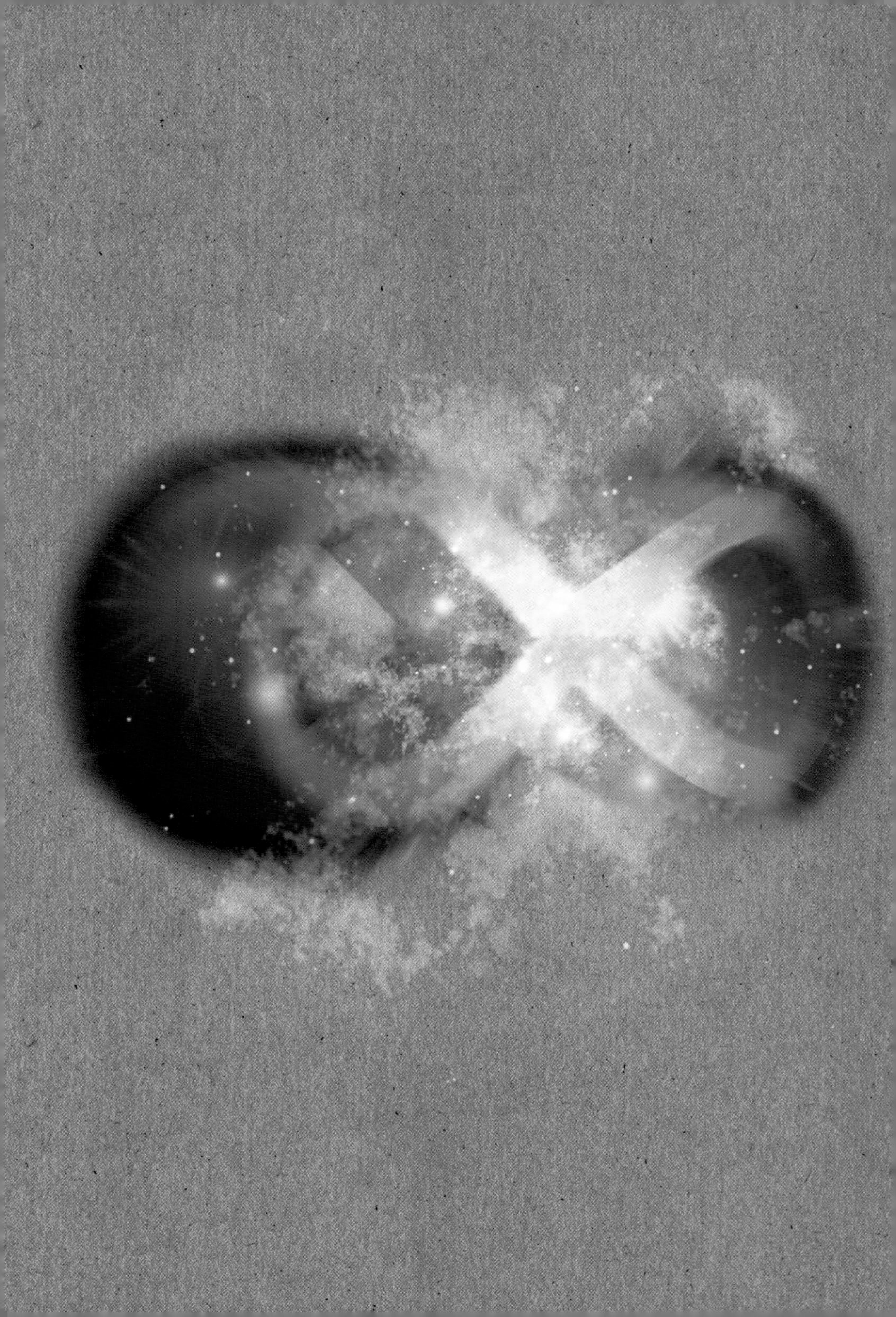

무한

INFINITY

자연수가 무한히 많다(끝없이 이어진다)는 것은 쉽게 알 수 있다. 자연수들의 열을 종결하는 최대의 자연수가 있다고 해보자. 그러면 그 자연수에 1을 더하면 더 큰 자연수가 만들어진다. 따라서 그 자연수는 최대의 자연수가 아니고, 자연수들의 열은 종결되지 않는다. 0과 1 사이에 무한히 많은 수가 있다는 것도 참인데, 이를 이해하기는 약간 더 까다롭다. 무한의 개념은 수천 년 전부터 수학자들을 매혹했다. 고대 그리스의 제논은 여러 역설을 통해 무한을 탐구했다. 가장 유명한 역설은 운동이 불가능함을 보여준다. A 지점에서 B 지점으로 가려면, 도중에 놓인 무한히 많은 지점들을 통과해야 한다. 그런데 한 지점에서 다음 지점으로 가는 데 0보다 큰 시간이 걸릴 테고, 양수들을 무한히 많이 더하면 무한대가 될 수밖에 없으므로, A 지점에서 B 지점으로 유한한 시간 안에 이동하는 것은 불가능하다고 제논은 주장했다. 오늘날 우리는 제논이 어느 대목에서 오류를 범했는지 알지만(양수들을 무한히 많이 더한 결과가 유한할 수도 있다!) 그의 역설들은 많은 연구를 촉발했다. 무한의 개념은 현대 미적분학의 중심 기둥이다. 어떤 양이 변화할 때, 특정한 시간 간격 동안 얼마나 많이 변화하는지 알아내서 이 변화량을 그 시간 간격으로 나누면 평균 변화율을 계산할 수 있다. 이제 시간 간격을 점점 더 줄여가면서 평균 변화율 계산을 반복하면, 평균 변화율들의 무한수열을 얻을 수 있다. 이 무한수열을 기초로 삼아서 순간 변화율을 정의할 수 있다. 자동차의 과속을 탐지하는 속도계는 아주 짧은 시간 동안 자동차가 이동한 거리를 포착하여 속도를 계산하는데, 이는 순간 변화율의 일종인 순간 속도를 근사적으로 계산하는 것이다.

30초 저자

리처드 브라운

3초 요약

모든 좋은 것들은 끝날 수밖에 없다. 그러나 수학에서는 그렇지 않다.

3분 보충

애니메이션 〈토이스토리〉에 나오는 유명한 우주 영웅 버즈 라이트이어는 “무한과 그 너머로!”라고 당당하게 선언한다. 그러나 불굴의 뱃사람이라도 수평선에 도달할 수 없는 것과 마찬가지로, 우리가 아무리 멀리 나아간다 하더라도 무한에 접근할 수는 없다. 우주에 존재하는 아원자입자의 총수는 10^{100}(‘구골(googol)’)보다 훨씬 작다고 추정된다. 그런데 10^{100}과 무한 사이의 거리는 1과 무한 사이의 거리보다 더 짧지 않다. 제논이 지적했듯이, 무한 너머로 가려면 먼저 무한에 도달해야 한다. 무한에 도달하기도 불가능한데, 하물며 그 너머로 가자니……

관련 주제

유리수와 무리수
19쪽
미적분학
53쪽
연속체 가설
151쪽

3초 인물 소개

엘레아의 제논
약 490~430

게오르크 칸토어
1845~1918

이 모든 것이 언젠가 끝날까? 수학자들은 끝이 없는 과정을 이야기한다.

74+568+44+235+89
142+23+25+28
+256+89+458+982+65
3+58+457+

덧셈과 뺄셈

ADDITION & SUBTRACTION

30초 저자
로버트 파다우어

이집트와 바빌로니아를 비롯한 고대 문명들은 일찍이 기원전 2000년경에도 덧셈과 곱셈을 했다. 인도에서 쓰인 10진법 숫자체계는 피보나치의 저서 『계산 책』을 통해 유럽에 들어와 계산을 더 쉽게 만들었다. 아리아바타와 브라마굽타는 6세기와 7세기에 인도 수학에 중요하게 기여했다. 덧셈기호 +와 뺄셈기호 −는 1489년에 출판된 요하네스 비트만의 책에서 처음 등장했다. 덧셈할 때 아랫자리에서 9보다 큰 결과가 나오면 1을 윗자리로 올려야 한다. 어떤 수에 얼마를 더할 때, '얼마'는 '가수(addend)'라고 하고 덧셈의 결과는 '합(sum)'이라고 한다. 덧셈은 교환성과 결합성을 지녔다. 즉 $a+b=b+a$이고 $(a+b)+c=a+(b+c)$다.

한 수에 0을 더한 결과는 그 수와 같다. 다시 말해 0은 덧셈의 항등원이다. 즉 $a+0=a$다. 뺄셈은 덧셈의 역연산이다. 뺄셈, 예컨대 $a-b$에서 b를 감수, a를 피감수라고 한다. 덧셈과 달리 뺄셈은 교환성이나 결합성을 가지지 않았다. 덧셈에서 아랫자리에서 윗자리로 1을 올려야 하는 경우가 흔히 있는 것처럼 뺄셈에서는 윗자리에서 아랫자리로 10을 꾸어주어야 하는 경우가 자주 발생한다. 기호 ±는 '플러스 마이너스'라고 읽으며, 양수 값인지 음수 값인지 특정하고 싶지 않을 때(예컨대 이차방정식의 해들을 나타낼 때) 사용할 수 있다.

관련 주제
분수와 소수
17쪽
수 표기법
23쪽
0(영)
39쪽
곱셈과 나눗셈
45쪽

3초 인물 소개
아리아바타
476~550
브라마굽타
598~670/668
레오나르도 피사노
(피보나치)
1170~1250
요하네스 비트만
약 1462~1498

전부 합한 결과를 알아내기. 덧셈과 뺄셈은 고대 이래로 일상생활의 일부다.

3초 요약
덧셈은 두 개 이상의 수를 합하는 연산이다. 두 수를 뺄셈하면 결과로 두 수의 차이가 나온다.

3분 보충
무한히 많은 수들을 덧셈하거나 뺄셈할 수도 있는데, 이런 계산을 무한급수로 표현한다. 무한급수가 수렴한다는 것은 무한급수의 합이 유한한 값이라는 뜻이다. 예컨대 무한급수 1/2+1/4+1/8+1/16…는 수렴하며 합이 1이다. 이를 간단히 1/2+1/4+1/8+…=1로 표현한다. 이 등식의 의미를 다음 예에서 이해할 수 있다. 한 지점에서 다른 지점까지 이동할 때, 우선 전체 거리의 절반을 이동하고, 이어서 남은 거리의 절반(전체 거리의 1/4)을 이동하고, 또 남은 거리의 절반(전체 거리의 1/8)을 이동하기를 계속 반복한다고 해보자. 최종 결과는 전체 거리를 이동한 것일 터이다. 일부 무한급수는 예상 밖의 합을 가진다. 예컨대 1−1/3+1/5−1/7+1/9−1/11+1/13−1/15…=π/4다.

x	1	2	3	4	5	6	7	8	9	10
1	1	2	3	4	5	6	7	8	9	10
2	2	4	6	8	10	12	14	16	18	20
3	3	6	9	12	15	18	21	24	27	30
4	4	8	12	16	20	24	28	32	36	40
5	5	10	15	20	25	30	35	40	45	50
6	6	12	18	24	30	36	42	48	54	60
7	7	14	21	28	35	42	49	56	63	70
8	8	16	24	32	40	48	56	64	72	80
9	9	18	27	36	45	54	63	72	81	90
10	10	20	30	40	50	60	70	80	90	100

$$\begin{array}{r} 6 \\ 7\overline{)42} \end{array}$$

곱셈과 나눗셈

MULTIPLICATION & DIVISION

30초 저자
로버트 파다우어

자릿값을 채택하지 않은 고대의 수 표기법들, 예컨대 이집트, 그리스, 로마 숫자체계에서 곱셈과 나눗셈은 대단히 어려운 과제였다. 결국 유럽은 인도에서 개발되어 6세기와 7세기에 크게 발전한 숫자체계와 계산법을 받아들였다. 곱셈 $a \times b = c$에서 a를 피승수, b를 승수, c를 곱이라고 한다. a와 b를 '항'이라고도 부른다. a 곱하기 b를 나타내는 기호로 $a \times b$, $a \cdot b$, $(a)(b)$ 등이 있는데, 수학자들이 선호하는 기호는 간단히 ab다.

덧셈에서처럼 곱셈에서도 아랫자리의 곱셈 결과가 9보다 크면 초과 부분을 윗자리로 올려야 한다. $a \times 1 = a$다. 즉 1은 곱셈의 항등원이다. 곱셈은 교환성과 결합성을 지녔다. 즉 $a \times b = b \times a$, $(a \times b) \times c = a \times (b \times c)$다. 나눗셈은 교환성이나 결합성을 지니지 않았다. 나눗셈 $a \div b = c$에서 a를 피젯수, b를 제수, c를 몫이라고 한다. 수학자들은 a 나누기 b를 표기할 때 $a \div b$보다 a/b를 더 선호한다. 학교에서 배우는 표준적인 나눗셈 방법(피젯수를 적고 꺾은선을 긋고 그 왼쪽에 제수를 적은 다음에 계산 과정을 피젯수 아래쪽에 적어 내려가면서 피젯수 위에 몫을 적는 방법)을 '긴 나눗셈(long division)'이라고 한다. 수학자들은 임의의 수를 0으로 나누는 나눗셈을 정의되지 않은 것으로 간주한다. 왜냐하면 이 나눗셈은 엄밀히 말하면 무의미하기 때문이다.

관련 주제

분수와 소수
17쪽
수론
33쪽
덧셈과 뺄셈
43쪽
지수와 로그
47쪽

3초 인물 소개
아리아바타
476~550
브라마굽타
598~670/668
레오나르도 피사노
(피보나치)
1170~1250

3초 요약
곱셈은 덧셈의 반복과 같다. 예컨대 4×3=4+4+4다. 나눗셈은 한 양이 다른 양 안에 몇 개나 들어 있는지 알아내는 계산이다.

3분 보충
로그를 이용하면 곱셈과 나눗셈을 각각 덧셈과 뺄셈으로 바꿀 수 있다. 이 사실은 거듭제곱수의 곱셈 및 나눗셈과 관련이 있다. 밑이 동일할 경우, 두 거듭제곱수의 곱셈이나 나눗셈은 지수들을 덧셈하거나 뺄셈함으로써 수행할 수 있다. 계산기가 등장하기 전에는 곱셈과 나눗셈을 쉽게 하기 위한 도구로 로그 눈금이 매겨진 계산자를 흔히 사용했다.

곱셈은 피승수 크기의 덩어리를 승수 번 쌓아놓는 것과 같다. 거꾸로 나눗셈은 피젯수를 제수 크기의 부분들로 분할하는 것과 같다.

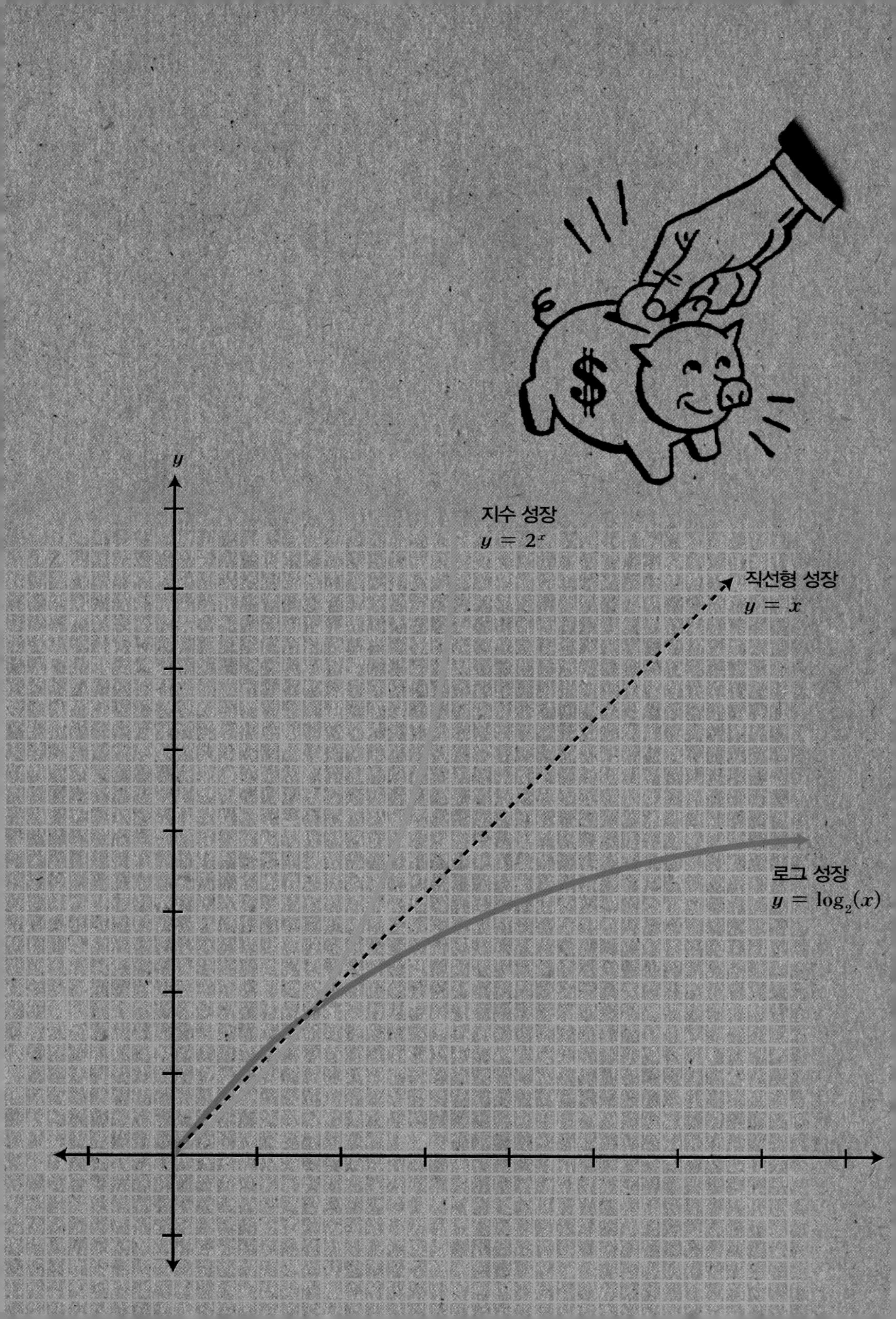

y
지수 성장
$y = 2^x$
직선형 성장
$y = x$
로그 성장
$y = \log_2(x)$

지수와 로그

EXPONENTIALS & LOGARITHMS

30초 저자
데이비드 페리

내가 매주 1원을 돼지저금통에 넣으면서 저금 액수의 변화를 그래프로 기록한다면, 결국 (변화율이 일정한) 직선 그래프가 그려질 것이다. 내가 매주 1원을 이자가 붙는 은행에 예금하면, 잔액은 지수적으로 (이자에 또 이자가 붙어서 잔액이 증가함에 따라 증가율도 높아지는 방식으로) 증가할 것이다. 어느 후한 은행에서 연이율 100퍼센트의 이자를 준다고 해보자. 내가 이 은행에 1원을 예금하면 1년 후에 2원을 돌려 받게 될 것이다. 내가 1원을 예금하고 나서 계속 이자가 붙도록 놔두면, 잔액은 매년 두 배로 커져서 3년이 지나면 $2\times2\times2=2^3=8$원이 된다. 한 해가 더 지나면, 16원이 될 것이다. 등식 $2^3=8$에서 2를 '밑'이라고 한다. 밑을 제곱하는 회수를 나타내는 3은 '지수'라고 한다. 거듭제곱의 역연산을 생각하는 것은 자연스럽다. 앞의 예에서 잔액이 8원이 되려면 몇 년을 기다려야 하는지 알고 싶다면 어떻게 해야 할까? 거듭제곱의 역연산인 로그를 계산해야 한다. $\log_2\times8=3$이다. 따라서 문제의 답은 3년이다. 일반적으로 함수 $f(x)=\log_2\times x$는 x를 얻으려면 2를 밑으로 하는 거듭제곱에서 지수를 얼마로 설정해야 하는지 알려준다. 우리의 예에서는, 잔액이 x원이 되려면 몇 년이 걸리는지 알려준다.

관련 주제

유리수와 무리수
19쪽
곱셈과 나눗셈
45쪽
함수
49쪽

3초 인물 소개
존 네이피어
1550~1617
레온하르트 오일러
1707~1783

3초 요약
거듭제곱이란 한 수에 자기 자신을 거듭 곱하는 것을 말한다. 거듭제곱과 로그 사이의 관계는 곱셈과 나눗셈 사이의 관계와 같다. 로그는 거듭제곱의 효과를 없앤다.

3분 보충
수학자 존 네이피어는 16세기에 거듭제곱의 역연산을 가리키는 용어로 '로그(logarithm)'를 처음 사용하고 로그 계산을 위한 표를 만들었다. 공학용 계산기에는 대개 $\log_{10}(x)$(10을 밑으로 하는 로그) 버튼과 $\ln(x)$('자연로그') 버튼이 있다. 자연로그의 밑은 e로 표기되는 특별한 수다. e는 2보다 크고 3보다 작으며 π와 마찬가지로 물리학, 생물학, 경제학 공식에 자주 등장한다.

로그 성장은 급격하게 느려지는 반면, 지수 성장은 폭발적으로 빨라진다.

이 곡선은 정의역이 −2부터 약 1.2까지일 때
f(x)의 값들을 보여준다.
예컨대 x=1에서 계산 결과는 −6이다.
따라서 곡선은 좌표가
(1, −6)인 점을 통과한다.

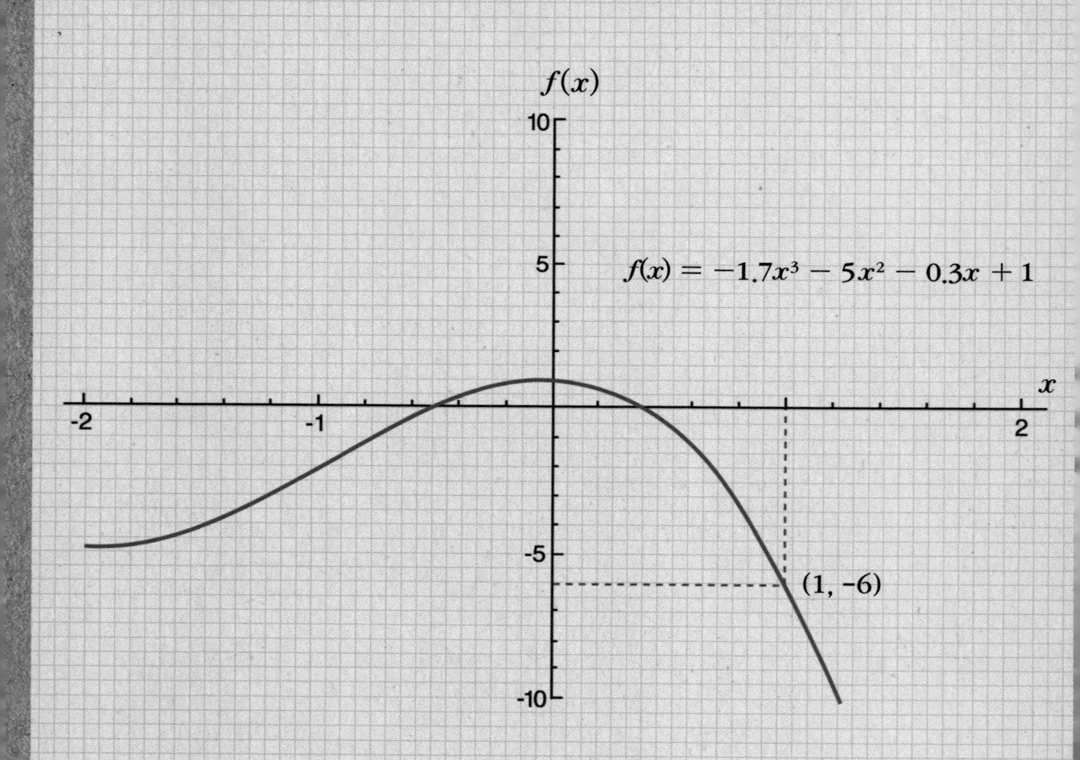

함수

FUNCTIONS

30초 저자

로버트 파다우어

관련 주제

지수와 로그
47쪽
방정식
81쪽
삼각함수
105쪽
그래프
111쪽

3초 인물 소개

니콜 오렘
약 1320~1382

르네 데카르트
1596~1650

고트프리트 라이프니츠
1646~1716

함수의 예들은 역사의 아주 이른 시기에도 발견되지만 현대적인 수학적 함수의 개념은 훨씬 더 나중에 등장했다. 가장 기본적인 형태의 함수는 단일한 입력 값에 대해서 단일한 출력 값을 산출하는 관계다. 기호 $f(x)$는 변수(입력)가 x인 함수를 나타낸다. 예컨대 $f(x)=x^2$은 입력 값 3에 대해서 출력 값 $9(=3^2)$를 산출하는 함수다. 14세기에 오렘은 독립변수와 종속변수의 개념을 연구했다. 갈릴레오는 한 집합을 이룬 점들과 다른 집합을 이룬 점들을 관련짓는 공식을 연구했다. 데카르트는 대수식을 이용하여 곡선을 그린다는 생각을 도입했다. '함수'라는 용어는 라이프니츠가 17세기 후반에 고안했다. 함수의 모든 입력들의 집합을 '정의역', 모든 출력들의 집합을 '치역' 또는 '이미지(image)'라고 한다. 변수가 하나인 함수는 흔히 데카르트 좌표계를 이용하여 가시화한다. 이때 변수 x는 가로좌표(수평좌표), 출력 값 $f(x)$는 세로좌표(수직좌표)가 된다. 예를 들어 $f(x)=2x+3$의 그래프는 이 등식을 만족시키는 순서쌍$(x, f(x))$를 좌표로 가진 모든 점들로 이루어진 직선이다. 그런 점의 예로 (1, 5)(왜냐하면 $5=2\times1+3$이니까), (2, 7)($7=2\times2+3$이니까) 등이 있다. 변수가 x와 y 두 개인 함수를 가시화하려면, 출력 값 $f(x, y)$를 수직좌표로 삼고 xy평면을 수평면으로 삼아서 그래프를 그리면 된다.

3초 요약

수학적 함수란 한 집합의 원소들을 다른 집합의 원소들과 연결하는 관계다.

3분 보충

함수의 개념은 물리과학들과 공학에서 널리 쓰인다. 이 분야들에서 함수의 입력과 출력은 대개 온도, 부피, 중력 같은 측정 가능한 물리량이다. 함수는 경제학과 상업에서도 흔히 쓰인다. 이 경우에 변수는 수요, 시간, 이자, 이익 등일 수 있다. 실제로 두 개 이상의 항목들 사이의 함수 관계에 대한 연구는 자연과 상업의 수학적 과정들을 이해하기 위한 핵심 작업이다. 인간을 이해하기 위해서도 마찬가지가 아닐까?

식 $-1.7x^3\times-5x^2-0.3x+1$에 임의의 x값을 집어넣어서 계산한 결과를 그래프로 그리면 함수 $f(x) = -1.7x^3\times-5x^2-0.3x+1$을 가시화할 수 있다.

1646년 7월 1일
라이프치히에서 출생

1662년
라이프치히 대학에서 철학
학사학위를 받다

1664년
철학 석사학위를 받다

1665년
법학 학사학위를 받다

1673년
왕립학회 회원으로 선출되고
브라운슈바이크 공작의
고문직을 제안받다

1675년 11월
미분학 연구에서 비약적인
진보를 이루다

1677년
브라운슈바이크 궁정의 법률
담당 추밀고문관으로 임명되다

1684년
미적분학에 관한 글을 출판하다

1686년
『형이상학서설』을 출판하다

1710년
『변신론』을 출판하다

1711년
뉴턴의 미적분학 연구를
표절했다는 비난을 받다

1712~1714년
『단자론』을 쓰다

1716년 11월 14일
하노버에서 사망

고트프리트 라이프니츠

17세기 후반에서 18세기 초반까지 활동하면서 주로 짧은 논문, 메모, 학술지에 발표한 글, 편지의 형태로 저술을 남긴 라이프니츠는 시대를 앞서가는 인물의 고통을 겪었다. 어쩌면 그의 지적인 활동 범위가 워낙 넓었기 때문일지도 모른다. 라이프니츠의 생각들 중 다수는 물리학, 공학, 생물학, 의학, 지질학, 심리학 분야의 현대적인 개념과 이론을 미리 보여준다. 그는 파스칼의 계산기를 개량하고(이로써 찰스 배비지와 에이다 러블레이스의 연구를 위한 발판을 마련했다) 현대 디지털 기술을 떠받치는 2진법 이론을 개발했으며 오늘날 우리가 불 대수학이라고 부르는 것과 기호논리학이라고 부르는 것을 개발하고 노버트 위너에게 영감을 준 되먹임(피드백) 개념의 윤곽을 제시했다.

대학교수의 아들로 태어나 일찍부터 학문에 재능을 보인 라이프니츠는 열두 살에 라틴어를 유창하게 구사했고 열여섯 살에 첫 학사학위를 받았다. 수학, 철학, 법학 분야의 학위를 받은 그는 학계로부터 거리를 두고 브라운슈바이크 궁정의 고문관으로 일하며 생애의 대부분을 보냈다. 파리, 런던, 빈, 하노버에서 거주하고 일하면서 당대 최고의 과학자들과 철학자들을 만났다. 그의 철학 이론 중에서 가장 유명한 것은 아마도 단자론일 것이다(단자는 가장 작고 분할 불가능한 단위다). 그러나 지적인 활력이 넘쳤고 귀족 및 지식인과의 인맥도 풍부했던 라이프니츠는 격렬한 논쟁하나 때문에 사망 당시에 높은 평가를 받지 못했다. 그의 무덤은 50년 동안 묘비가 없었다. 누가 미적분학을 발명했느냐를 놓고 라이프니츠와 뉴턴이 벌인 그 논쟁은 1711년에 불거져 아직까지 일단락되지 않았다. 라이프니츠는 뉴턴이 왕립학회 회원이라는 것을 알았고 뉴턴이 미적분학을 개발할 당시에 런던에 있었다. 라이프니츠가 자기 나름의 미적분학을 발표했을 때, 대다수의 수학자는 뉴턴의 편을 들면서 라이프니츠를 표절자로 비난했다. 라이프니츠가 뉴턴의 아이디어를 표절했는지, 혹은 두 사람이 서로를 모르는 채로 똑같은 결론에 도달했는지 여부는 영영 밝혀지지 않을지도 모른다. 오늘날 두 사람은 미적분학의 공동 발명자로 인정받는다.

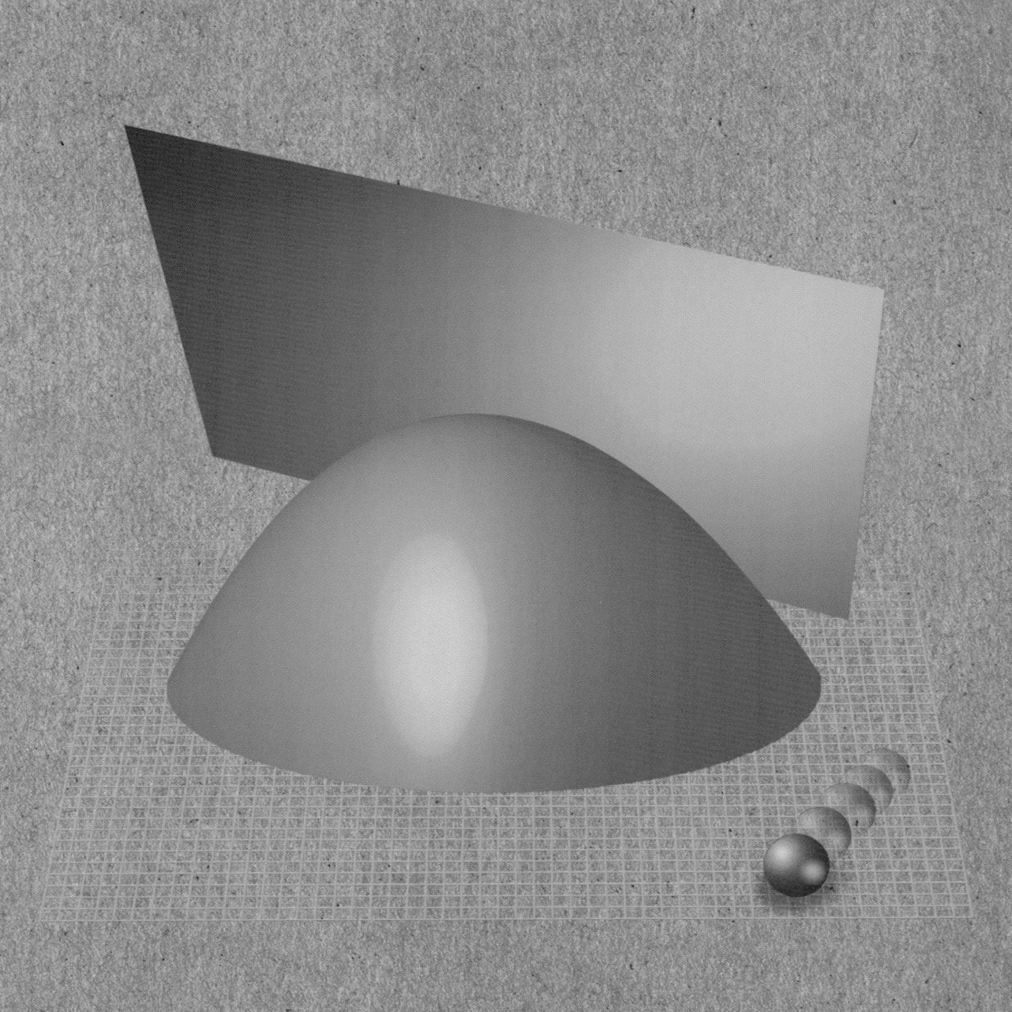

미적분학

CALCULUS

30초 저자
리처드 엘워스

관련 주제
방정식
81쪽
그래프
111쪽

3초 인물 소개
아르키메데스
기원전 약 287~212
아이작 뉴턴
1643~1727
고트프리트 라이프니츠
1646~1716
오귀스탱 루이 코시
1789~1857
카를 바이어슈트라스
1815~1897

많은 과학 분야에서는 시간에 따라 운동하고 변화하는 대상을 연구한다. 예컨대 공이 언덕에서 굴러내릴 때, 공의 위치는 시간에 따라 변화한다. 이때 위치의 변화율은 공의 속력이다. 그런데 속력도 당연히 변화할 수 있다. 속력의 변화율은 가속도라고 한다. 이런 질문을 던져보자. 공의 위치를 서술하는 수식을 알면, 공의 속력과 가속도를 계산할 수 있을까? 이 질문을 기하학적으로 고찰하면 다음 질문과 마찬가지다. 좌표 평면에 곡선이 그려져 있을 때 어떤 한 점에서 그 곡선의 기울기를 계산할 수 있을까? 만일 곡선이 시간에 따른 공의 위치를 나타내는 그래프라면, 곡선의 기울기는 공의 속력을 나타낸다. 이 사실은 아르키메데스의 시대에도 알려져 있었지만, 한 점에서 곡선의 기울기는 근사적으로만 계산할 수 있었다. 뉴턴과 고트프리트 라이프니츠는 17세기 후반에 각자 독립적으로 미적분학을 개발했다. 즉 곡선의 기울기 등을 서술하는 아름다운 규칙들을 개발했다. 미적분학은 미분학과 적분학이라는 두 분야로 나뉜다. 곡선을 출발점으로 삼는다면, 미분학은 곡선의 기울기를 알려주는 반면, 적분학은 곡선과 x축 사이의 면적을 알려준다. 놀랍게도 곡선의 기울기 계산(미분)과 곡선과 x축 사이의 면적 계산(적분)은 서로의 역연산이다. 이 사실을 미적분학의 기본정리라고 한다.

3초 요약
미적분학이란 시스템이나 기타 수학적 대상이 시간과 공간에 따라 어떻게 변화하는지 서술하는 수학 분야다.

3분 보충
뉴턴과 라이프니츠의 미적분학 발명은 수학의 역사에서 가장 중요한 사건 중 하나다. 날씨 모형화와 경제학부터 양자역학과 상대성이론까지, 수학을 물리 세계에 적용하는 숱한 분야에서 과학자들은 문제를 '미분방정식'의 형태로 표현하고 미적분학을 통해 탐구한다. 그러므로 미분방정식 풀이는 오늘날 과학자와 수학자에게 가장 큰 기술적 과제 중 하나다.

움직이는 공의 위치를 알려주는 공식이 있으면 미적분학을 이용하여 공의 속력과 가속도를 계산할 수 있다. 둥그스름한 구릉이 있다면, 구릉 위의 한 지점에서 구릉의 기울기를 알려주는 접평면을 미적분학으로 계산할 수 있다.

기막힌 우연

기막힌 우연
용어해설

빈도(도수) 일정 기간이나 실험 시도들의 세트에서 특정 사건이 일어나는 회수. 회수가 많으면, 빈도가 높다고 한다.

사전확률 통계학에서 사전확률이란 새 데이터나 증거를 고려하지 않고 계산한 확률을 의미한다. 사전확률은 확률에 관한 베이스의 정리에서 결정적인 역할을 한다.

승산(odds) 특정 사건이 일어날 개연성을 나타내며, 그 사건이 일어나는 경우의 수를 일어나지 않는 경우의 수로 나눠서 계산한다. 한 사건이 일어날 확률이 p, 일어나지 않을 확률이 1−p라면, 이 사건이 일어날 승산은 p/(1−p)다. 반대로 이 사건이 일어나지 않을 승산은 (1−p)/p다. 예컨대 주사위 던지기에서 4가 나올 확률은 1/6, 나오지 않을 확률은 5/6다. 이때 4가 나올 승산은 (1/6)/(5/6), 즉 1/5이다. 일상 언어에서는 4가 나올 승산이 1 대 5라고 표현한다. 4가 나오지 않을 승산은 5 대 1이다. 즉 내기에서 '4가 나온다'에 걸면, 다섯 번 질 때 한 번 이길 승산이 있다.

오류 양성 예컨대 의학 검사에서 결과가 오류 양성(false positive)으로 나올 수 있다. 즉 실제로 병이 없으므로 음성이라는 결과가 나와야 하는데 검사의 부정확성으로 인해 양성이라는 결과가 나올 수 있다. 많은 검사에서 오류 양성 결과가 나오기 때문에, 충분한 데이터가 축적되어 사전확률을 계산할 수 있을 때까지는 피검사자가 실제로 양성일 확률을 정확히 판정할 수 없다(사전확률, 진양성 참조).

이진수열 컴퓨터 과학에서 각각 '꺼짐'과 '켜짐'을 뜻하는 0과 1로 이루어진 긴 수열. 컴퓨터에게 주어지는 지시는 이진수열의 형태를 띤다.

종형 곡선 확률론에서 종형 곡선이란 정규분포를 나타내는 매끄러운 곡선을 말한다. 종형 곡선의 봉우리는 평균을 의미하고, 그 봉우리에서 양쪽으로 내리막이 이어지면서 신속하게 바닥에 접근하며 수평을 이루는데, 양쪽 내리막의 모양은 서로 같다.

중심극한정리 확률론에서 중심극한정리를 이해하기 위해 예컨대 동전 던지기를 여러 번 해서 얻은 결과를 생각해보자. 앞면을 1점, 뒷면을 0점으로 간주한다면, 결과로 여러 개의 1과 0이 나올 테고, 결과의 평균도 구할 수 있을 것이다. 이제 이 한 세트의 작업을 무수히 반복해서 무수히 많은 평균들을 구한다고 해보자. 그러면 이 평균들이 어떤 분포를 이룰 텐데, 한 세트의 작업에서 동전을 던지는 회수가 늘어나면, 이 분포는 정규분포에 접근한다. 이를 중심극한정리라고 한다.

진양성 예컨대 의학 검사에서 실제로 병이 있는 피검사자가 병이 있다는 판정을 받으면 이를 진양성(true positive) 결과라고 한다. 진양성 결과는 실제로 정확한 결과라는 점에서 검사의 부정확성이나 검사자의 실수로 발생하는 오류 양성 결과와 다르다(오류 양성 참조).

평형 게임이론에서 평형이란, 어떤 참가자도 타인들보다 더 높은 승리 확률을 갖지 못하도록 하는 전략을 모든 참가자가 채택한 상태를 말한다.

확률 모든 가능한 결과 중에서 특정한 결과가 나올 개연성을 나타낸다. 원하는 결과의 개수를 모든 가능한 결과의 개수로 나눠서 계산하며, 따라서 최솟값은 0(원하는 결과가 나올 가능성 없음) 최댓값은 1(나올 것이 확실함)이다. 예컨대 카드 한 벌에서 한 장을 뽑았을 때 하트가 나올 확률은 13/52, 즉 1/4(=0.25)이다.

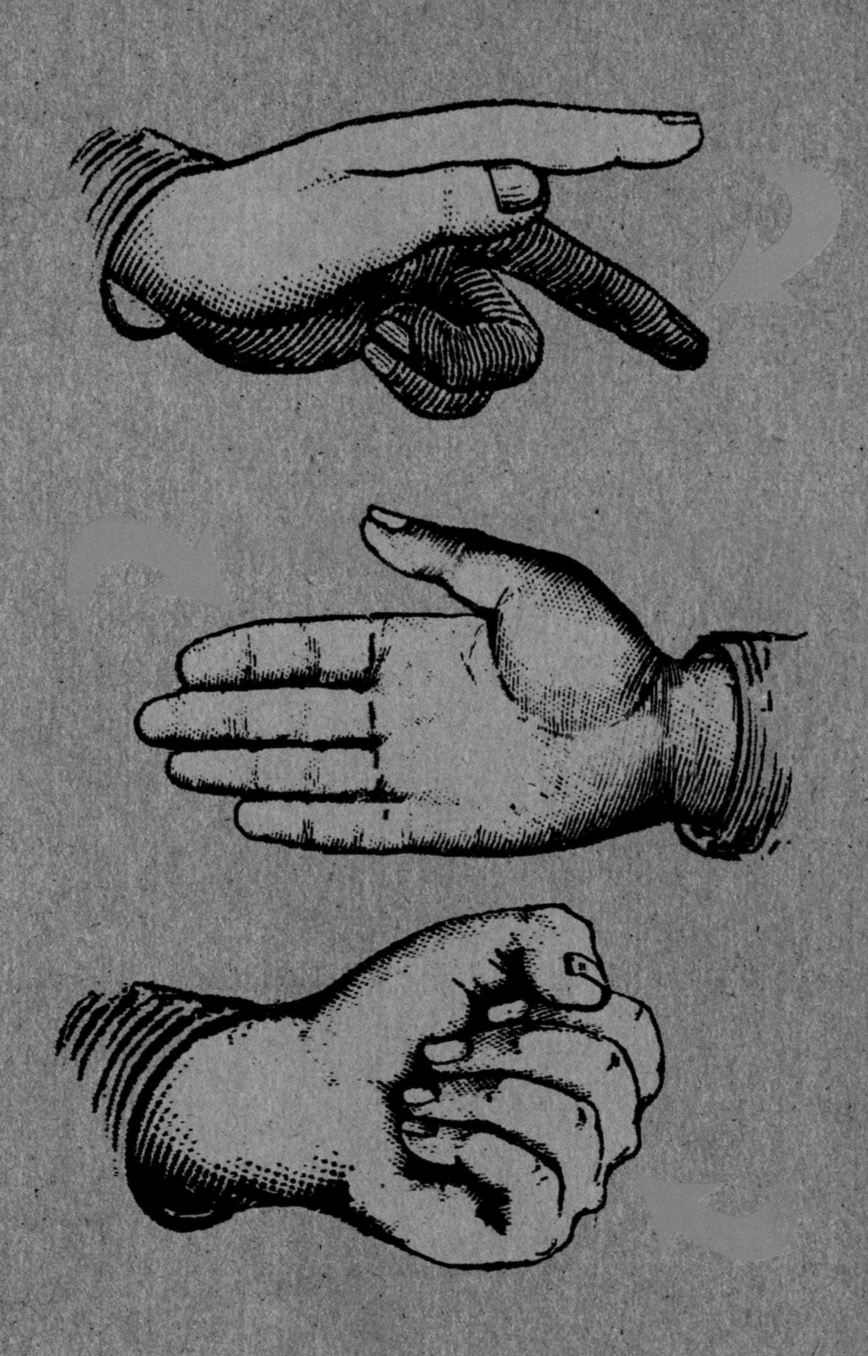

게임이론

GAME THEORY

30초 저자
리처드 엘워스

수천 년 전부터 사람들은 '3목 두기(noughts and crosses)'부터 체스와 체커(checkers)까지 다양한 전략 게임을 즐겨왔다. 쉬운 게임도 있고 어려운 게임도 있다. 예컨대 3목 두기에서 좋은 전략을 짜기는 아주 쉽다. 조금만 연습하면, 절대로 지지 않는다. 게임이론은 이런 전략을 연구하는 수학 분야다. 가위바위보 게임을 생각해보자. 여기에서 최선의 승리 전략은 무엇일까? 만일 당신이 보나 바위보다 가위를 더 많이 내기로 한다면, 상대방은 이를 역이용해서 바위를 내는 빈도를 높일 수 있다. 그러나 상대방의 행동에서 어떤 패턴도 발견되지 않는다면, 장기적으로 최선인 전략은 세 가지 선택지 중 하나를 매번 무작위로 선택하는 것이다. 이런 식으로 게임을 하면 당신이 이길 확률과 질 확률과 비길 확률이 같아진다. 이 상태를 일컬어 '평형'이라고 한다. 왜냐하면 당신과 상대방이 똑같이 이 전략을 채택하면, 어느 한쪽이 전략을 바꿔서 승률을 높일 길이 없어지기 때문이다. 게임이론의 가장 중요한 성과 하나는 엄청나게 다양한 게임들이 확실히 평형 상태를 가진다는 발견이다. 이 사실은 존 폰 노이만이 증명하고 존 내시가 확장했다.

관련 주제

큰 수의 법칙
65쪽
도박꾼의 오류-평균의 법칙
67쪽
도박꾼의 오류-판돈을 두 배로 올리기
69쪽
베이스의 정리
73쪽

3초 요약
체스 같은 게임에서 쓰이는 전략은 수학적으로 분석 가능하며 다양한 과학 분야에서 등장한다.

3분 보충
게임이론은 게임에 대한 연구를 벗어나 정치학부터 인공지능까지 다양한 분야에 적용된다. 그러나 게임은 여전히 중요한 연구 주제다. 2007년 캐나다의 조너선 섀퍼 교수와 동료들은 난공불락의 체커 전략을 개발했다. 그들이 짠 체커 프로그램은 절대로 지지 않을 것이다. 지금도 체스 게임에서 컴퓨터가 사람을 이길 수 있긴 하지만, 이런 식의 완벽한 체스 전략은 먼 미래에나 개발될 것이다. 문제는 체스 게임이 전개될 수 있는 방식의 개수가 어마어마하게 많다는 점이다. 이 개수는 우주에 존재하는 원자의 개수보다 훨씬 더 많다.

3초 인물 소개

존 폰 노이만
1903~1957

클로드 섀넌
1916~2001

존 내시
1928~

존 콘웨이
1937~

가위바위보!
당신은 전략이 있는가?
수학자들은 있다.

승산 계산하기

CALCULATING THE ODDS

주사위를 던졌을 때 6이 안 나올 승산은 5 대 1이다. 다시 말해 가능한 결과가 모두 여섯 가지이고 각각의 개연성이 같은데, 다섯 가지는 6이 안 나오는 것이고 한 가지는 6이 나오는 것이다. 수학자라면 확률의 개념을 이용하여 주사위 던지기에서 6이 나올 확률은 1/6이라고 말할 것이다. 가능한 결과가 총 여섯 가지인데, 그중에 원하는 결과는 한 가지라는 뜻이다. 마찬가지로 카드 한 벌에서 에이스 스페이드를 뽑을 승산은 1 대 51, 확률은 1/52이다. 결과들의 개연성이 모두 같다면(주사위나 카드가 공정하다면) 원하는 결과의 개수와 나머지 결과의 개수를 세어서 승산과 확률을 계산할 수 있다. 확률론에서는 사건이 일어날 개연성을 서술하기 위해 사건에 '확률'이라는 수를 부여한다. 확률은 항상 0에서 1까지의 수인데, 확률이 0이라는 것은 해당 사건이 일어날 가능성이 없음을, 1이라는 것은 확실히 일어남을 뜻한다. 일어날 가망이 작은 사건은 확률이 낮다. 동전을 10번 던져서 모두 앞면이 나올 확률은 1/1024(승산은 1 대 1023)이다. 반대로 일어날 가망이 큰 사건은 확률이 높다. 카드 한 벌에서 한 장을 뽑았는데 그것이 에이스 스페이드가 아닐 확률은 51/52(승산은 51 대 1)이다. 돈을 걸어도 안전하다고 하겠다.

관련 주제

큰 수의 법칙
65쪽

도박꾼의 오류-평균의 법칙
67쪽

무작위성
71쪽

베이스의 정리
73쪽

3초 인물 소개

피에르 드 페르마
1601~1665

블레즈 파스칼
1601~1662

크리스티안 호이겐스
1629~1695

안드레이 콜모고로프
1903~1987

30초 저자

리처드 엘워스

3초 요약

사건이 일어날 개연성이 얼마나 높은지 말하기 위해 도박꾼은 승산과 배당률을 이야기하고 수학자는 확률을 이야기한다.

3분 보충

도박장에서는 승산이 낮은 사건에 높은 배당률이 책정된다. 예컨대 승산이 1 대 5인 사건의 배당률은 5배, 5 대 1인 사건의 배당률은 1/5배다. 첫째 사건에 1원을 걸고 이기면 5원을 벌 수 있다. 둘째 사건에 걸고 이기면 1/5원을 벌 수 있다. 우승 배당률이 40배인 말에 돈을 거는 것은 위험한 선택이다. 그 말의 우승 확률은 1/41이기 때문이다. 배당률이 2/3(우승 확률 3/5)인 말에 걸면 성공 보수는 작겠지만 적어도 돈을 잃을 가능성은 낮아진다.

주사위 던지기에서
홀수 눈이 나올 확률은 3/6, 승산은 1 대 1이다.
내기에서 '홀수 눈이 나온다'에 걸 경우,
이기는 경우의 수가 3개, 지는 경우의 수가 3개다.

1501년 9월 24일
이탈리아 파비아에서 출생

1520년
파비아대학에 입학하다

1525년
파도바대학에서 의학 박사학위 취득. 밀라노 의사 협회에 가입 신청을 했으나 1539년에야 받아들여지다

1526년
『도박 책』을 쓰다. 이 작품은 1663년에 유작으로 출판되다

1536년
『근래 의사들의 나쁜 관행에 관한 소책자』(의학서)를 쓰다

[illegible]
『실용 산술과 개별 측정』(수학서)을 쓰다

[illegible]
『위대한 비법, 혹은 대수학 규칙들에 관하여』(수학서)를 쓰다. 이 책은 '아르스 마그나(ars magna)'라는 제목으로도 불리다

1554년
예수 그리스도의 점성술 점괘를 계산하고 발표하다

1550년
암호문 작성용 도구인 '카르단 격자(cardan grille)'를 발명하다

1570년
이단 혐의를 받다

1570년
『비율에 관한 새로운 작품』(수학서)을 쓰다

1576년 9월 21일
로마에서 사망

1576년
『내 삶에 관하여』(자서전)를 사망 시점에 출판하다

지롤라모 카르다노

지질학자, 자연과학자, 연금술사, 점성술사, 천문학자, 발명가 카르다노는 말 그대로 르네상스적 인물이었다(다만, 예술에서는 천재성을 발휘하지 못했다). 그는 여러모로 레오나르도 다 빈치를 연상시키는데, 실제로 그의 아버지는 레오나르도의 친구였고, 그는 때때로 레오나르도와 협업했다(비판자들은 그가 레오나르도를 표절했다고 주장한다). 카르다노와 레오나르도 다 빈치는 둘 다 법률가의 사생아였고 특별한 재능의 소유자였다. 레오나르도는 명성과 영광을 누린 반면, 카르다노는 지적인 능력으로 매우 높은 평가를 받으면서도 까칠한 성격과 공격적인 태도 때문에 어디를 가든 거의 항상 미움을 받았다.

카르다노의 첫 직업은 의사였다. 그는 탁월한 임상의로서 많은 고위층 인사들을 진료했으며 동료 의사들을 공개적으로 비난했다. 그는 훗날 베살리우스와 비교되고 모교인 파비아 대학의 의학교수가 되었지만, 환자에게, 혹은 누구에게도 친절하지 않았기 때문에, 그가 밀라노 근처 사코(Sacco)에서 개업한 의원은 번창하지 못했다.

카르다노는 과거에 아버지와 함께 연구했던 수학으로 관심을 돌려 두 권의 책을 썼다. 그중 한 권인 『아르스 마그나』(1545)는 르네상스시대의 핵심 수학문헌의 하나로 3차 및 4차 방정식의 해법을 담고 있다(82~83쪽 참조). 카르다노는 3차방정식의 해법을 니콜로 타르탈리아에게서 배웠는데, 이때 카르다노는 그 해법을 6년 동안 발표하지 않겠다고 약속했다. 그러나 그는 그 해법을 발표했고 타르탈리아와 많은 적들로부터 비난을 받았다.

재앙은 카르다노가 다시 시작한 의사 일이 번창하던 1560년에 찾아왔다. 그의 장남이 불륜을 저지른 아내를 살해한 혐의로 재판을 받고 사형에 처해졌다. 장남의 죽음으로 카르다노는 깊은 실의에 빠져 의사 일을 할 수 없게 되었다. 그는 교수직에서 물러나 로마로 이주했고, 과거에 예수 그리스도의 점성술 점괘를 보았다는 이유로 이단으로 몰려 잠깐 감옥에 갇히기도 했다.

파란만장한 경력 내내 카르다노는 도박 중독자였다. 그는 아주 유능한 도박꾼이었고 확률을 (주사위 던지기의 결과들에 기초하여) 수학적으로 고찰한 최초의 책인 『도박 책』을 썼다. 일부 사람들은 이 작품을 비웃지만 도박꾼들과 도박장 운영자들은 아주 좋아한다. 이는 주로 이 책에 속임수를 다루는 매우 훌륭한 대목이 들어 있기 때문이다. 길고 생산적이며 다사다난했던 삶을 뒤로 하고 카르다노는 1576년 9월 21일에 눈을 감았다. 그가 자신의 사망 시점을 시간까지 정확히 예언했다는 전설이 있다. 그런가 하면, 자신의 예언이 틀리지 않게 하려고 때맞춰 자살했다는 전설도 있다.

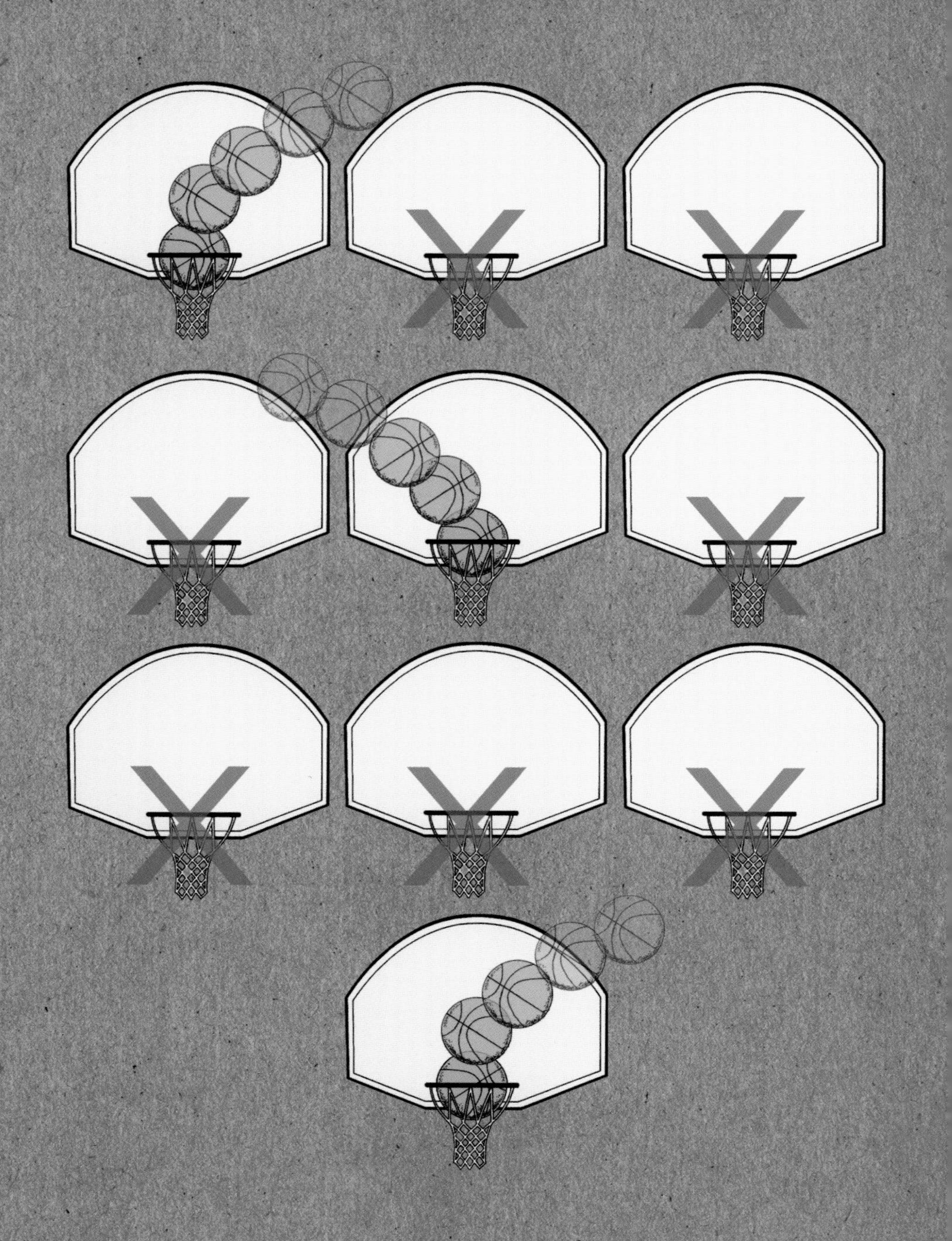

큰 수의 법칙

THE LAW OF LARGE NUMBERS

30초 저자
존 헤이

결과가 우연히 나오는 실험, 이를테면 동전 던지기를 생각해보자. 동전 던지기는 똑같은 조건에서 얼마든지 원하는 만큼 반복할 수 있다. 연달아 열 번 앞면이 나오는 결과는 개연성이 낮지만 불가능하지 않다. 우리가 동전 던지기를 무한히 반복한다면, 이처럼 개연성이 낮은 결과도 가끔 나올 것이다. 그러나 반복된 실험에서 어떤 결과가 나오는 비율(예컨대 숱한 동전 던지기에서 앞면이 나오는 비율)은 그 결과가 나올 확률에 접근할 것이다. 이를 큰 수의 법칙이라고 한다. 큰 수의 법칙에 따르면, 장기적인 관점에서 사건이 일어나는 빈도는 사건의 확률에 의해 결정된다. 이 법칙은 우연한 사건에만 국한되지 않는다. 당신이 영국에 사는 여성들의 평균 키를 알고 싶다고 해보자. 이런 큰 집단을 연구할 때 표본의 크기가 클수록 표본의 평균은 전체 집단의 평균을 더 잘 대표한다. 표본을 보고 추정한 전체 평균의 정확도는 표본 크기의 제곱근에 비례한다. 특히 측정값들의 변동성이 클수록, 정확한 평균 추정을 위해 더 큰 표본이 필요하다. 그러나 큰 수의 법칙은 데이터가 충분히 많으면 필요한 만큼 정확한 추정이 언제나 가능함을 보장해준다.

관련 주제
도박꾼의 오류–평균의 법칙
67쪽

3초 인물 소개
야콥 베르누이
1654~1705
이레네 쥘 비나이메
1796~1878
파프누티 체비셰프
1821~1894
에밀 보렐
1871~1956

3초 요약
시도 회수를 충분히 늘리면, 어떤 우연한 사건이 일어나는 비율은 그 사건이 일어날 확률에 바투 접근할 것이다.

3분 보충
확률과 빈도 사이의 관계를 증명하기 위한 중요한 첫걸음은 1713년에 야콥 베르누이가 내디뎠다. 이 진보는 150년 뒤에 이레네 쥘 비나이메와 파프누프 체비셰프에 의해 더 확실해졌고, 1909년에 에밀 보렐은 표본에 기초한 추정이 얼마든지 정확해질 수 있음을 증명했다.

어떤 농구선수의 슛 성공률이 3/10이라고 하자.
이 선수가 슛을 10번 던지면 몇 번 성공할까?
10번 던지기 실험을 아주 많이 반복하면,
성공 회수의 평균은 3에 매우 접근할 것이다.

도박꾼의 오류–평균의 법칙

THE GAMBLER'S FALLACY–LAW OF AVERAGES

30초 저자
존 헤이

동전을 열 번 던져서 모두 앞면이 나오면, 다음 번에는 뒷면이 나올 가능성이 더 높다는 생각이 들기 쉽다. '평균의 법칙에 따라서 앞면과 뒷면이 골고루 나와야 하므로 이제 뒷면이 나올 차례다'라고 사람들은 흔히 생각한다. 하지만 터무니없는 생각이다. 동전이 정상적이라면, 이제껏 나온 결과와 상관없이 다음번에 뒷면(또는 앞면)이 나올 확률은 변함없이 1/2이다. 룰렛과 로또에서도 마찬가지다. 앞선 100판에서 0이 나오지 않았더라도 다음 판에서 0이 나올 확률은 높아지지 않는다. 이탈리아 로또에서 숫자 53이 2년 넘게 안 나온 적이 있다. 그 기간에 숱한 사람들이 이제 53이 나올 때가 되었다는 믿음으로 숫자를 골랐다가 돈을 잃고 실망했을 것이다. 동전, 룰렛 기구, 로또 추첨용 공은 과거 결과를 기억하고 특정 결과의 발생 빈도를 조절할 능력이 없는 무생물이다. 사건의 발생 비율은 장기적으로 확률과 같아질 것이다. 그러나 그렇게 될 때까지 아주 긴 시간이 걸릴 수도 있다. 이른바 '평균의 법칙'이란 다름 아니라 큰 수의 법칙이다. 이 법칙에 기초하여 과거 결과가 임박한 미래의 결과에 영향을 미친다고 주장하는 것은 오류다.

관련 주제

큰 수의 법칙
65쪽
도박꾼의 오류–판돈을 두 배로 올리기
69쪽

3초 인물 소개
지롤라모 카르다노
1501~1576

3초 요약
동전 던지기나 룰렛에서 과거 결과에 기초하여 미래 행동을 결정하는 것은 필패의 전략이다.

3분 보충
동전, 주사위, 룰렛 기구는 일어날 개연성이 동등한 결과들 중 하나를 매번 산출한다. 시도를 반복하다 보면 개연성이 낮은 사건이 일어날 수도 있다. 이를테면 동전의 앞면이 연거푸 열 번 나오거나, 주사위 두 개를 동시에 던져서 얻은 눈의 합이 2회 연속 7이거나, 룰렛 게임 20판에서 30보다 큰 숫자가 한 번도 안 나올 수 있다. 일어날 수 있는 '드문' 사건이 워낙 많기 때문에, 몇몇 드문 사건은 일어날 수밖에 없다(드문 사건은 흔히 일어난다!). 그러나 과거의 어떤 사건도 미래의 사건에 영향을 미칠 수 없다.

동전 던지기에서 앞면이나 뒷면이 나올 확률은 늘 똑같다. 앞면이나 뒷면만 여러 번 연거푸 나온 다음에도 그 확률은 변함이 없다.

THE UNITED STATES OF AMERICA
8 19 31 18 6 21 33 16 4
14 2 0 28 9 26 30 11

도박꾼의 오류–판돈 두 배로 올리기

THE GAMBLER'S FALLACY–DOUBLING UP

30초 저자
존 헤이

유럽식 룰렛 원반에는 칸이 37개 있다. 18개는 빨간색, 18개는 검은색이며, 한 개는 녹색(숫자로는 0)이다. 검은색에 걸거나 빨간색에 걸고 이기면 건 돈만큼 벌게 된다. 어느 도박꾼이 항상 빨간색에 건다고 해보자. 그는 돈을 잃으면 다음 판에서 두 배의 판돈을 건다. 어떤 판에서든 빨간색이 나올 가능성은 있으므로, 언젠가는 빨간색이 나올 수밖에 없다. 이를테면 넷째 판에서 처음으로 빨간색이 나올 수도 있다. 그러면 도박꾼은 (첫째 판에서 1원을 건다면) 연이어 1, 2, 4원(총 7원)을 잃은 다음에 8원을 따서 결국 1원의 이득을 본다. 빨간색이 다섯 째 판에서 처음 나와도 마찬가지다. 빨간색이 아무리 늦게 나오더라도, 판돈을 계속 두 배로 올린다면 도박꾼은 결국 1원의 이득을 보게 된다. 그러나 도박꾼에게는 안타깝게도 이 전략은 허점이 있다. 모든 도박장에는 판돈의 상한선이 있다. 게임 참가자가 걸 수 있는 최대 금액은 대개 최소 금액의 100배 정도다. 따라서 도박꾼이 연거푸 일곱 판을 져서 1, 2, 4, 8, 16, 32, 64원(총 127원)을 잃으면 그의 자금이 아무리 풍부하더라도 도박장의 규칙 때문에 다음 판에서 128원을 걸 수 없다. 도박꾼은 이 같은 판돈 두 배로 올리기 전략으로 여러 번 1원을 벌 수도 있겠지만, 도박장의 규칙 때문에 판돈을 더 올릴 수 없는 상황이 언젠가는 벌어지기 마련이다. 그럴 때 그가 잃는 돈은 이제껏 번 돈보다 훨씬 더 많을 것이다.

관련 주제
큰 수의 법칙
65쪽
도박꾼의 오류–평균의 법칙
67쪽

3초 인물 소개
지롤라모 카르다노
1501~1576

3초 요약
룰렛에서 빨간색(또는 검은색)에 걸었다가 돈을 잃으면 다음 판에 판돈을 두 배로 올려서 다시 빨간색에 거는 전략은 돈을 따기는커녕 잃는 지름길이다.

3분 보충
미국식 룰렛 원반에는 '더블 제로(double zero)'가 추가로 있지만, 게임 참가자가 돈을 딸 확률은 유럽식에서와 똑같다. 어느 쪽에서든 카지노 측이 약간 더 유리하다. 어떤 방식으로 돈을 걸든지 게임 참가자가 약간 더 불리하게 되어 있다. 룰렛 원반의 상태가 완벽해서 모든 결과가 무작위로 나오고 판돈에 상한선이 있다면, 결국에는 도박꾼이 돈을 잃게 된다.

판돈을 계속 두 배로 올리는 전략을 쓰면 결국 빈털터리가 된다.

무작위성

RANDOMNESS

앞면을 뜻하는 H와 뒷면을 뜻하는 T로 이루어진 긴 철자열 두 개를 상상해보자. 두 열의 앞부분은 똑같이 HHTHTH…인데, 한 열은 동전 던지기를 통해 얻어서 정말로 무작위한 열인 반면, 다른 열은 그렇지 않다. 둘째 열은 사람이 철자들을 신중하게 골라서 만든 것이다. 이런 두 열을 놓고 어느 쪽이 정말로 무작위한지 가려내는 방법이 있을까? 간단한 방법 하나는 충분히 긴 구간에서 H의 개수와 T의 개수를 세어보는 것이다. 무작위한 열에서는 두 개수가 거의 같아야 한다. 그러나 이 기준만으로는 부족하다. 모든 철자 쌍(HH, HT, TH, TT) 각각의 개수도 평균적으로 같아야 한다. 철자 세 개로 된 마디들, 네 개, 다섯 개로 된 마디들도 마찬가지다. 그러나 이 모든 기준으로도 부족하다. 왜냐하면 이 모든 기준들을 인위적으로 충족시킬 수도 있기 때문이다.

가장 단순한 열은 HHHHHH…인데, 이 열은 당연히 무작위하지 않다. 또한 쉽게 압축할 수 있다. 'H 백만 개'라는 문구로 이 열을 간단히 서술할 수 있고, 이 서술을 알아들은 사람은 누구나 이 열을 완벽하게 재현할 수 있다. 진정으로 무작위한 열은 전혀 압축할 수 없다. 무작위한 열을 타인에게 알려주는 유일한 길은 열 전체를 적어주는 것뿐이다. 무작위성과 압축 불가능성이 본질적으로 같다는 것은 최근에 이루어진 심오한 발견이다.

관련 주제

큰 수의 법칙
65쪽

베이스의 정리
73쪽

알고리즘
87쪽

괴델의 불완전성 정리
147쪽

3초 인물 소개

에밀 보렐
1871~1956

안드레이 콜모고로프
1903~1987

레이 솔로모노프
1926~2009

그레고리 체이틴
1947~

레오니드 레빈
1948~

어느 열이 무작위할까?
수학자들도 정답을 모른다.

30초 저자

리처드 엘웨스

3초 요약

무작위성은 과학에서 매우 중요하지만 수학적으로 연구하기가 대단히 어려운 개념이다.

3분 보충

인터넷은 이진수열을 기반으로 작동한다. 컴퓨터는 0과 1로 이루어진 긴 열들을 온갖 프로그램과 파일로 번역할 수 있다. 효율을 최대화하려면 파일 압축 소프트웨어를 이용하여 이진수열들을 최대한 압축해야 한다. 주어진 이진수열에서 예측 가능하거나 반복되는 패턴을 제거하고 남은 결과는 무작위한 이진수열과 구분되지 않는다. 요컨대 완벽하게 압축된 정보는 무작위한 잡음과 수학적으로 동일하다.

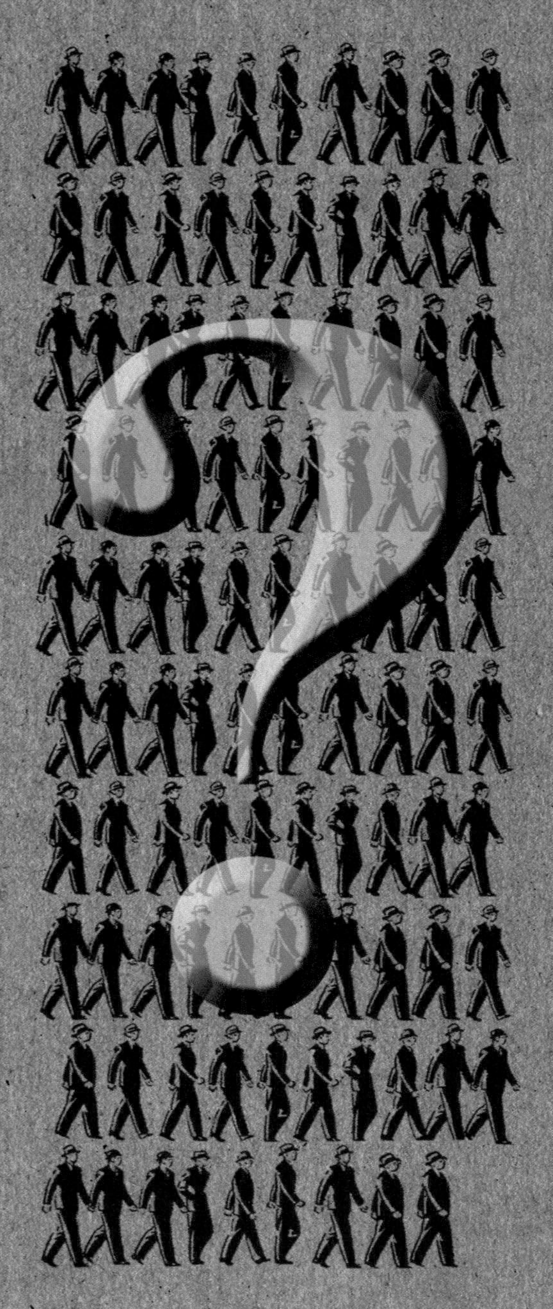

베이스의 정리

BAYES' THEOREM

30초 저자

제이미 폼머스하임

어떤 병에 대한 검사의 정확도가 90퍼센트라고 해보자. 그런데 무작위로 선정한 인물 밥이 검사를 받았는데 양성이라는(병에 걸렸다는) 판정이 나왔다. 밥이 실제로 이 병에 걸렸을 확률은 얼마일까? 이 정보만으로는 정답을 맞힐 수 없다. 추가 정보가 필요한데, 그것은 이 병의 유병률, 즉 이 병에 걸린 사람이 얼마나 흔하냐 하는 것이다. 바꿔 말해 무작위로 고른 사람이 이 병에 걸렸을 확률(이른바 사전확률)을 알 필요가 있다. 전체 인구의 1퍼센트가 이 병에 걸렸다고 가정해보자. 베이스의 정리를 이용하면 밥처럼 양성 판정을 받은 사람이 실제로 병에 걸렸을 확률을 계산할 수 있다. 전체 인구가 1,000명이라면, 평균 10명(=1퍼센트)이 병에 걸렸을 테고, 검사의 정확도가 90퍼센트이므로, 이들 중 9명이 양성(진양성) 판정을 받을 것이다. 나머지 990명은 병에 걸리지 않았을 테지만, 검사가 완벽하게 정확하지 않기 때문에 이들 중 10퍼센트인 99명은 양성(오류 양성) 판정을 받을 것이다. 따라서 전체 양성 판정 사례들 중에서 오류 양성 대 진양성의 비율은 99 대 9다. 다시 말해 양성 판정을 받은 밥이 정말로 병에 걸렸을(진양성일) 확률은 9/(99+9)=1/12이다. 정확도가 90퍼센트나 되는 검사에서 양성 판정이 나왔다 하더라도, 당신이 드문 병에 걸렸을 확률은 여전히 낮다.

관련 주제

승산 계산하기
61쪽
도박꾼의 오류-평균의 법칙
67쪽
무작위성
71쪽

3초 인물 소개

토머스 베이스

약 1702~1761

3초 요약

베이스의 정리를 알면 주어진 증거를 감안하여 사건의 확률을 계산할 수 있다. 하지만 이 계산을 위해서는 반드시 사건의 사전확률을 알아야 한다.

3분 보충

베이스의 정리는 18세기에 잉글랜드에서 활동한 장로교 성직자 토머스 베이스의 이름을 따서 명명되었다. 이 주제에 관한 베이스의 연구는 그가 사망하고 여러 해가 지난 다음에야 출판되었다. 베이스의 정리는 확률의 본성에 관한 철학적 질문을 유발한다. 구체적으로 베이스의 정리에 사전확률이 등장한다는 사실이 예사롭지 않다. 이 사실은 사건에 확률을 유의미하게 부여하려면 먼저 거듭된 시도를 통해 그 사건의 빈도를 알아내야 함을 시사한다.

실제로 병에 걸렸을 확률은 전체 양성 판정 사례들(99+9) 중에서 진양성(9)이 차지하는 비율과 같다.

대수학과 추상

대수학과 추상
용어해설

결합성 수에 대한 연산이 가질 수 있는 한 속성. 한 식 안에 특정 연산이 두 번 이상 등장하는데 연산의 순서가 결과에 영향을 미치지 않는다면, 그 연산은 결합성을 지녔다고 한다. 예컨대 곱셈은 결합성을 지녔다. 왜냐하면 $(a\times b)\times c=a\times(b\times c)$이기 때문이다.

계수 변수에 곱한 수. 식 $4x=8$에서 4는 계수, x는 변수다. 계수는 대개 수지만 때로는 a와 같은 기호로 표현되기도 한다. 변수를 동반하지 않은 계수는 상수 계수, 또는 상수항이라고 한다.

교집합 집합론에서 교집합이란 두 개 이상의 집합들이 공유한 원소들만으로 이루어진 집합을 말한다. 집합 A와 B의 교집합은 A에도 속하고 B에도 속한 원소들로 이루어진 집합이다.

교환성 수에 대한 연산이 가질 수 있는 한 속성. 연산되는 두 수를 맞바꿔도 결과에 변함이 없을 때, 연산은 교환성을 지녔다고 한다. 예컨대 곱셈은 교환성을 지녔다. 왜냐하면 $3\times5=5\times3$이기 때문이다.

다항식 수와 변수와 덧셈, 곱셈, 변수의 양의 정수 거듭제곱(이를테면 x^2)만 나오는 식.

대수기하학 기하학과 대수학을 결합한 수학 분야다. 대수방정식의 해를 그래프로 나타낼 때 만들어지는 기하학적 모양 등을 연구한다.

미분방정식 미지의 함수와 그것의 도함수를 포함한 방정식. 미분방정식은 과학자들이 물리학과 공학에서 물리적 역학적 과정을 모형화할 때 사용하는 주요 도구다.

변수 값이 변할 수 있는 양. 변수는 흔히 x나 y 같은 철자로 표현되며 방정식에서는 미지수에 해당한다. $3x=6$에서 3은 계수, x는 변수, 6은 상수다.

불완전성 정리 쿠르트 괴델이 증명한 불완전성 정리에 따르면, 산술의 규칙들을 포함한 임의의 수학적 규칙들의 시스템은 완전할 수 없다. 다시 말해, 그 시스템의 규칙들만으로는 증명하거나 반증할 수 없는 수학적 진술이 항상 존재한다.

상수 홀로 있는 숫자, 철자, 또는 기호이며 고정된 값을 나타낸다. 예를 들어 방정식 $3x-8=4$에서 3은 계수, x는 변수, 8과 4는 상수다.

속성 대상이 가질 수 있는 특징. 속성이 반드시 물리적일 필요는 없다. 예를 들어 2, 4, 6, 8은 짝수라는 속성을 공유한다.

실수 수직선상의 한 위치에 해당하는 양을 표현하는 임의의 수. 실수는 모든 유리수와 무리수를 아우른다.

역연산 한 연산의 효과를 없애는 연산을 그 연산의 역연산이라고 한다. 예컨대 덧셈의 역연산은 뺄셈, 뺄셈의 역연산은 덧셈이다. 마찬가지로 곱셈과 나눗셈은 서로의 역연산이다.

연산 임의의 입력 값, 또는 값들에 대해서 새로운 값을 산출하는 규칙들의 집합. 산술에서 가장 흔하게 쓰이는 연산 네 가지는 덧셈, 곱셈, 뺄셈, 나눗셈이다.

5차 방정식 변수의 거듭제곱의 지수들 중에 가장 큰 것이 5인 다항방정식.

정수 자연수와 0과 음의 부호가 붙은 자연수.

지수 어떤 수('밑'이라고 함)를 거듭제곱하는 회수를 나타내는 수. 등식 $4^3=64$에서 지수는 3, 밑은 4다. 제곱을 '승'으로 읽어서 43을 '4의 3승'으로 읽기도 한다.

항 식을 이루는 요소로, 단일한 수나 변수, 혹은 수들과 변수들이 연결된 형태다. 항과 항 사이에는 덧셈기호(+)나 뺄셈기호(−)가 놓인다. 예컨대 방정식 $4x+y^2-34=9$에서 $4x$, y^2, 34가 항이다.

항등원 집합과 연산이 있을 때, 집합에 속한 특정한 원소와 임의의 원소를 연산한 결과가 그 임의의 원소와 같을 때, 그 특정한 원소를 항등원이라고 한다. 예컨대 양의 정수의 집합과 덧셈이 있을 때, 항등원은 0이다.

변수

THE VARIABLE PLACEHOLDER

수학자들은 항상 수를 다루지만 많은 경우에 수의 값을 확정하지 않고 다루고자 한다. 이때 값이 확정되지 않은 수를 일컬어 변수라고 한다. 예컨대 어떤 방 안에 여자가 남자보다 두 배 많다고 말하고 싶을 때도 있을 수 있다. 이렇게 두 수의 값은 몰라도 관계를 알 때, x와 같은 기호를 사용하여 그 관계를 표현할 수 있다.

방 안에 있는 (우리가 아직 그 값을 모르는) 남자의 수를 x라고 하면, 여자의 수는 2 곱하기 x(일반적인 축약 표현은 $2x$)다. 만일 우리가 나중에 $x=7$임을 알게 된다면, 이 값을 x 대신에 집어넣어서 여자의 수는 $2x=14$임을 알아낼 수 있다. 이런 추상적 대수학적 접근법은 과학의 모든 분야에서 유용하다. 자동차가 일정한 속력 s로 시간 t 동안 거리 d를 달린다면, s, d, t의 구체적인 값이 무엇이든 간에 이들 사이에는 특정한 관계가 성립해야 한다. 즉 속력은 거리를 시간으로 나눈 결과와 같아야 한다. 다시 말해 $s=d/t$가 반드시 성립한다. 이 등식은 일반적인 법칙을 표현하지만, 등식의 기호를 수치로 대체하면 구체적인 사례에 관한 계산을 할 수 있다. 만일 두 변수의 값이 주어지면(예컨대 $d=10$, $t=2$라면), 나머지 변수의 값($s=10/2=5$)을 알 수 있다.

30초 저자
리처드 엘워스

30초 요약
대수학에서 x와 y 같은 기호는 미지수, 또는 값이 변할 수 있는 양을 나타내기 위해 사용된다.

3분 보충
소금에 들어 있는 소듐은 본래 규산소다와 탄산소다를 함유한 암석이 빗물과 강물에 씻기거나 바다의 파도에 쓸리면서 녹아 나온 것이다. 자연에서 소듐은 원소 단독으로는 존재하지 않지만 수많은 광물에서 발견된다. 이에 따라 지각을 이루는 원소들 가운데 여섯 번째로 풍부하며, 무게로는 지각의 2.6퍼센트를 차지한다. 소듐의 높은 반응성은 최외각에 있는 하나의 전자를 매우 쉽게 내놓는 성질에서 유래한다.

관련 주제
방정식
81쪽
다항방정식
83쪽

30초 인물 소개
디오판토스
약 200~284
아부 압달라 무함마드 이븐 무사 알콰리즈미
약 770~850
아부 카밀 슈자
약 850~930
오마르 하이얌
1048~1131
바스카라
1114~1185

대수학에서 x는 미지수를 나타낸다.

$(E=mc^2)$

방정식

THE EQUATION

30초 저자
리처드 엘워스

수학에서 가장 중요한 기호는 등호(=)다. 등호의 의미는 그 양편에 놓인 양들이 서로 같다는 것이다. 이런 뜻을 담은 식을 등식이라고 한다. 7=7과 같은 자명한 등식은 별로 재미가 없다. 그러나 등호를 사이에 둔 양편(등식의 양변)이 서로 같다는 점이 덜 자명할 경우, 등식은 흥미롭고 유용할 수 있다. 유명한 예로 $E=Mc^2$을 보자. 물리학에서 나오는 이 등식은 물질이 보유한 에너지(E)가 질량(M)에 빛의 속력(c)을 두 번 곱한 것과 같음을 의미한다. 많은 물리학법칙은 이처럼 변수를 포함한 등식으로 표현된다. 이 같은 변수를 포함한 등식도 파생적인 의미에서 방정식으로 불린다. 그러나 전형적인 방정식은 참이거나 거짓인 명제가 아니라 미지수의 값을 알아내라고 요구하는 문제다. 예컨대 x가 $2x+1=9$를 만족시키는 수라고 해보자. 다시 말해 'x 곱하기 2 더하기 1은 9다'. 이 방정식에는 x의 값을 정확히 알아내는 데 필요한 정보가 충분히 들어 있다. 위 등식이 참이라면, 가능한 x의 값은 하나뿐이다. 방정식 풀이의 제일원리는 '양변에 똑같은 일을 하라'이다. 예컨대 한 변에서 1을 빼고 싶다면, 다른 변에서도 1을 빼야 한다. 이 조작을 위 방정식에 가하면 $2x=8$이 된다. 마찬가지로 한 변을 2로 나누면, 다른 변도 2로 나눠야 한다. 이 조작의 결과는 $x=4$이다. 즉 원래 방정식의 해는 4다.

관련 주제

미적분학
53쪽
변수
79쪽
다항방정식
83쪽

3초 인물 소개

유클리드
기원전 약 325~265

디오판토스
약 200~284

아부 압달라 무함마드 이븐 무사 알콰리즈미
약 770~850

아부 베르크 이븐 무함마드 이븐 알후사야 알카라지
약 953~1029

알베르트 아인슈타인
1879~1955

3초 요약
등식은 두 양이 같음을 표현한다. 과학 명제의 대부분은 등식의 형태를 띤다.

3분 보충
등식의 일종인 방정식은 두 수뿐 아니라 더 복잡한 두 대상이 서로 같음을 표현할 수도 있다. 예컨대 '미분방정식'은 미분을 포함한 두 식이 서로 같음을 표현한다. 일반상대성이론에서 다루는 아인슈타인의 '장방정식'은 특정 공간에서 물질의 운동 방식이 그 공간의 굴곡을 반영한다는 사실을 표현한다. 우주의 기하학을 이해하려면 이 방정식을 풀어야 한다.

***만물이 다 똑같기 때문인지,
유치원에서 배우는 계산부터 일반상대성이론까지
과학의 기본은 등식이다.***

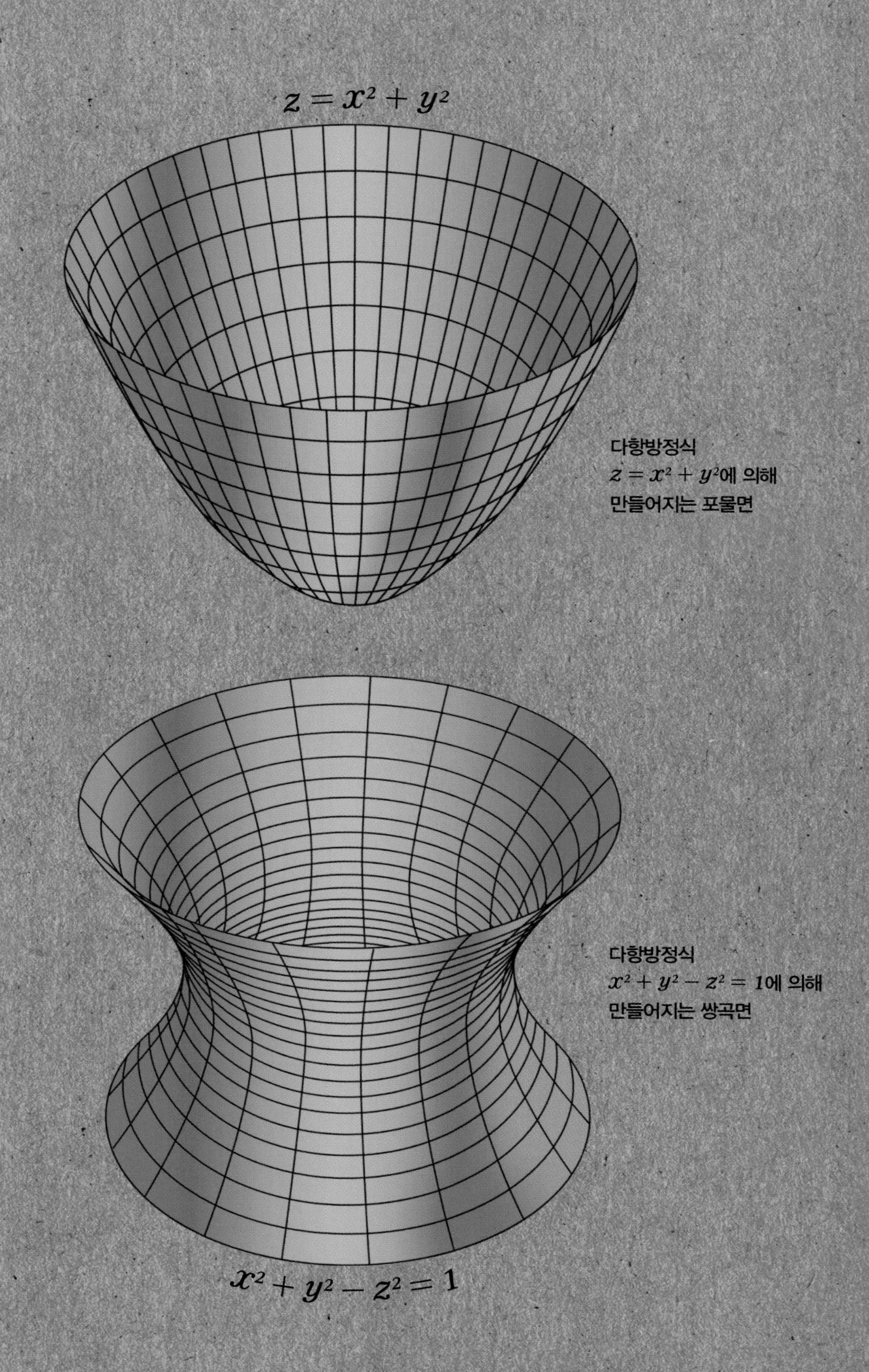

다항방정식
$z = x^2 + y^2$에 의해
만들어지는 포물면

다항방정식
$x^2 + y^2 - z^2 = 1$에 의해
만들어지는 쌍곡면

다항방정식

POLYNOMIAL EQUATIONS

중고등학교 수학 시간에 학생들은 방정식, 이를테면 $3x^2+5x-1=0$을 푸는 법을 배운다. 이 예는 다항방정식이다. 다항방정식에서 항들(예컨대 $3x^2$)은 덧셈이나 뺄셈으로 연결되며 변수(x)에 붙은 지수는 양의 정수다($3x^2$에서 지수는 2). 위의 예는 2차방정식이다. 가장 높은 지수(밑인 x를 거듭제곱하는 회수)가 2이기 때문이다. 더 까다로운 연산들(분수 지수, 삼각함수, 지수함수 등)은 다항방정식에서 허용되지 않는다. 그래서 다항방정식은 방정식을 통틀어 가장 기초적인 축에 든다. 이차방정식의 해법(방정식을 참으로 만드는 변수의 값을 찾아내는 방법)은 고대에 세계 여러 곳에서 각각 독립적으로 발견되었다. 이 분야 연구의 정점은 2차방정식의 정확한 해를 쉽게 구할 수 있게 해주는 근의 공식의 발견이었다. 3차방정식(가장 높은 지수가 3인 방정식)과 4차방정식(가장 높은 지수가 4인 방정식)에 대한 완전한 해법은 16세기에야 발견되었다. 이탈리아 수학자들이 2차방정식의 근의 공식과 유사하지만 더 복잡한 공식들을 발견했다. 5차방정식의 근의 공식을 발견하려는 노력은 그로부터 200여 년이 지나서 종결되었다. 닐스 아벨이 5차 이상의 다항방정식의 해를 구하는 일반적인 공식은 없음을 증명했다. 이 일은 수학에서 중요한 부정적 결론이 증명된 최초 사례 중 하나다.

관련 주제

유리수와 무리수
19쪽
함수
49쪽
변수
79쪽

3초 인물 소개

니콜로 타르탈리아
1499/1500~1577

지롤라모 카르다노
1501~1576

닐스 아벨
1802~1829

에바리스테 갈루아
1811~1832

다항방정식으로 아름다운 3차원 모양을 만들 수 있다.

30초 저자

제이미 폼머스하임

3초 요약

다항식이란 수와 변수, 그리고 덧셈, 곱셈, 양의 정수를 지수로 하는 거듭제곱(예컨대 x^2)만으로 이루어진 식이다.

3분 보충

기하학을 편애한 고대 그리스인은 자와 컴퍼스로 직선과 원을 작도하는 방법으로 2차방정식을 풀었다. 변수가 2개 이상인 다항방정식에 의해 정의된 모양들을 연구하는 기하학, 곧 대수기하학은 현대 수학에서 핵심 분야의 하나다. 변수가 3개인 다항방정식 $z=x^2+y^2$으로 정의되는 포물면은 위성 안테나의 접시와 자동차 전조등의 반사경을 설계할 때 모범의 구실을 한다.

약 770~780년
현재 우크라이나에 속한 화리즘(Khwarizm) 지방에서 출생

825년
『인도 숫자를 이용한 계산에 관하여』를 쓰다

약 830년
『복원과 균형을 통한 계산을 다룬 요약서』를 쓰다

약 850년
사망

12세기 중반
체스터의 로버트가 『복원과 균형을 통한 계산을 다룬 요약서』를 라틴어로 번역하다

1126년
바스의 아델라드가 알콰리즈미의 천문표들을 라틴어로 번역하다

12세기
바스의 아델라드가 『인도 숫자를 이용한 계산에 관하여』를 라틴어로 번역하다

1857년
발다사레 본콤파니가 『인도 숫자를 이용한 계산에 관하여』를 'Algoritmi de numero Indorum(인도의 수 세는 법에 관한 알콰리즈미의 글)'이라는 제목으로 출판하다

아부 압달라 무함마드 이븐 무사 알콰리즈미

아부 압달라 무함마드 이븐 무사 알콰리즈미는 이슬람 세계에서 가장 위대한 학자 중 하나다. 그가 죽은 지 4세기 후에 라틴어로 번역된 그의 저작은 서양에서 수학 연구의 기반이 되었다. 그의 삶에 대해서 알려진 바는 많지 않다. 페르시아에 살던 그의 가족은 (7세기 중반 이래로 아랍 칼리프의 영토였던) 바그다드 남쪽으로 이주했고, 그곳에서 알콰리즈미는 칼리프 알 마문의 '지혜의 집'에 소속한 학자가 되었다. 지혜의 집은 이슬람 황금시대의 중심에 있었던 도서관 겸 연구소다. 그곳에서 알콰리즈미는 과학에 관한 그리스어 및 산스크리트어 문헌과 바빌로니아 및 페르시아 학자들의 작품을 번역했다. 그는 대단한 지리학자, 지도 제작자(프톨레마이오스의 『지리학』을 개정하고 칼리프를 위해 지리학자 70명을 설득하여 세계지도를 작성하게 했다) 천문학자이기도 했지만, 그의 가장 크고 값진 업적은 수학, 특히 대수학, 산술, 삼각함수에 관한 것이다. 그는 인도와 더 먼 동방의 수학적 기술, 방법, 개념을 종합하고 독창적인 혁신과 개량을 추가했다.

0을 포함한 인도 숫자 체계(알콰리즈미가 825년에 쓴 책 『인도 숫자를 이용한 계산에 관하여』에서 밝혔듯이, 그는 이 체계를 인도 수학자들에게서 배웠다), 아라비아 숫자, 분수, 소숫점이 서양에 들어온 것은 알콰리즈미 덕분이다. 아마도 그는 대수학의 아버지로 가장 잘 알려져있을 것이다(물론 그가 대수학을 혼자서 발명한 것은 아니다. 그는 대수학에 관한 기존 지식을 종합하고 독창적인 해석과 기법들을 추가했다). 실제로 대수학을 뜻하는 영어 'algebra'는 그의 위대한 저서 『복원과 균형을 통한 계산을 다룬 요약서』의 제목에 포함된 단어 '알자브르(al-jabr. '복원', '완성'을 뜻함)'에서 유래했다. 이 책은 1차방정식과 2차방정식의 체계적 해법을 담은 최초의 작품이다. 실생활에 도움이 되는 실용적인 책을 쓰라는 칼리프의 지시에 따라 저술된 이 책은 상업에 관한 문제들과 해답들을 다룬다.

12세기에 알콰리즈미의 저작이 라틴어로 번역되는 과정에서 서양 수학계는 새로운 단어를 또 하나 얻었다. 알콰리즈미의 이름이 라틴어 번역문에서 '알고리트미(algoritmi)'로 표기된 것이다. 이 '알고리트미'에서 수학 용어 '알고리즘'이 유래했다. 달의 뒷면에는 '알콰리즈미'로 명명된 크레이터가 있다.

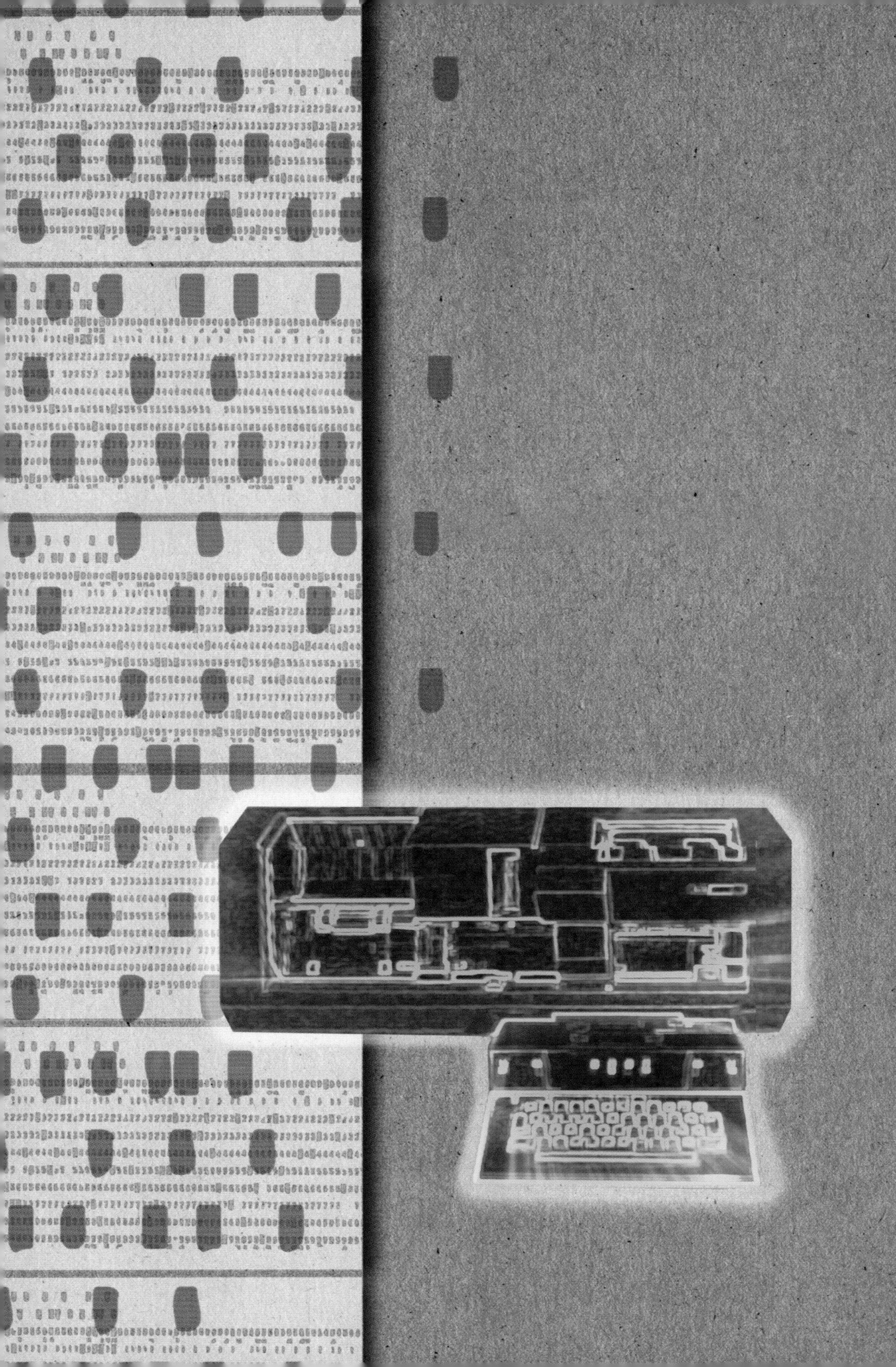

알고리즘

ALGORITHMS

20세기 정보 혁명은 컴퓨터의 시대를 열었다. 그러나 컴퓨터는 프로그램이 없으면 무용지물이고, 컴퓨터 프로그램은 다름 아니라 알고리즘이라는 수학적 대상을 구체화한 결과다. 알고리즘은 복잡하지 않으며, 정해진 과제를 완수하기 위한 지시들의 목록일 뿐이다. 이 목록에서 매 단계는 명명백백해서 심지어 생각이 없는 기계도 수행할 수 있다. '알고리즘'이라는 단어는 특정 방정식들의 해법을 발견한 알콰리즈미의 이름에서 유래했다. 여러 세기에 걸쳐 많은 수학자들이 유사한 개념들을 개발했지만, 알고리즘의 개념이 최종적으로 명확해진 것은 1930년대에 앨런 튜링과 알론조 처치의 연구를 통해서였다. 튜링은 긴 종이테이프 위를 기어가며 엄격한 규칙에 따라 기호들을 쓰고 지우는 '튜링 기계'를 구상했다. 그는 이 이론적인 장치를 이용하여, 모든 수학적 질문에 답할 수 있는 단일한 절차는 존재하지 않음을 증명했다. 심지어 범자연수 영역 안에도 '계산 불가능한' 문제들이 있다. 이 결론은 괴델의 불완전성 정리와 유사했고 그에 못지않게 충격적이었다. 그러나 튜링 기계가 추상적 수학의 영역을 벗어나 실제 세계에 진입하면서 디지털 컴퓨터가 태어났다.

30초 저자

리처드 엘워스

3초 요약

알고리즘은 원래 수학적 과제를 수행하기 위한 이론적 절차를 의미했다. 현재 알고리즘은 전 세계의 컴퓨터에서 끊임없이 사용된다.

3분 보충

컴퓨터과학에서 가장 큰 질문들은 알고리즘이 얼마나 빠르게 작동할 수 있느냐와 관련이 있다. 예컨대 큰 소수 두 개를 곱한다고 해보자. 곱셈의 결과를 보고 원래의 소수 두 개를 알아낼 수 있을까? 이 과제를 수행하기 위한 알고리즘이 존재한다. 그러나 그 알고리즘을 사용한다면 가장 빠른 프로세서를 장착한 컴퓨터를 동원하더라도 과제 수행에 수백만 년이 걸릴 수도 있다. 더 빠른 알고리즘이 있을까? 아직 아무도 모른다. 그러나 사람들은 그런 알고리즘이 없기를 바란다. 왜냐하면 우리가 안전하게 온라인 거래를 할 수 있는 것은 그런 알고리즘이 아직 발견되지 않은 덕분이기 때문이다.

관련 주제

다항방정식
83쪽
힐베르트 프로그램
145쪽
괴델의 불완전성 정리
147쪽
알콰리즈미
85쪽

3초 인물 소개

알론조 처치
1903~1995

스티븐 클린
1909~1994

앨런 튜링
1912~1954

스티븐 쿡
1939~

모든 컴퓨터 프로그램은 알고리즘을 담고 있다. '알고리즘'이라는 단어의 기원은 9세기로 거슬러 올라간다.

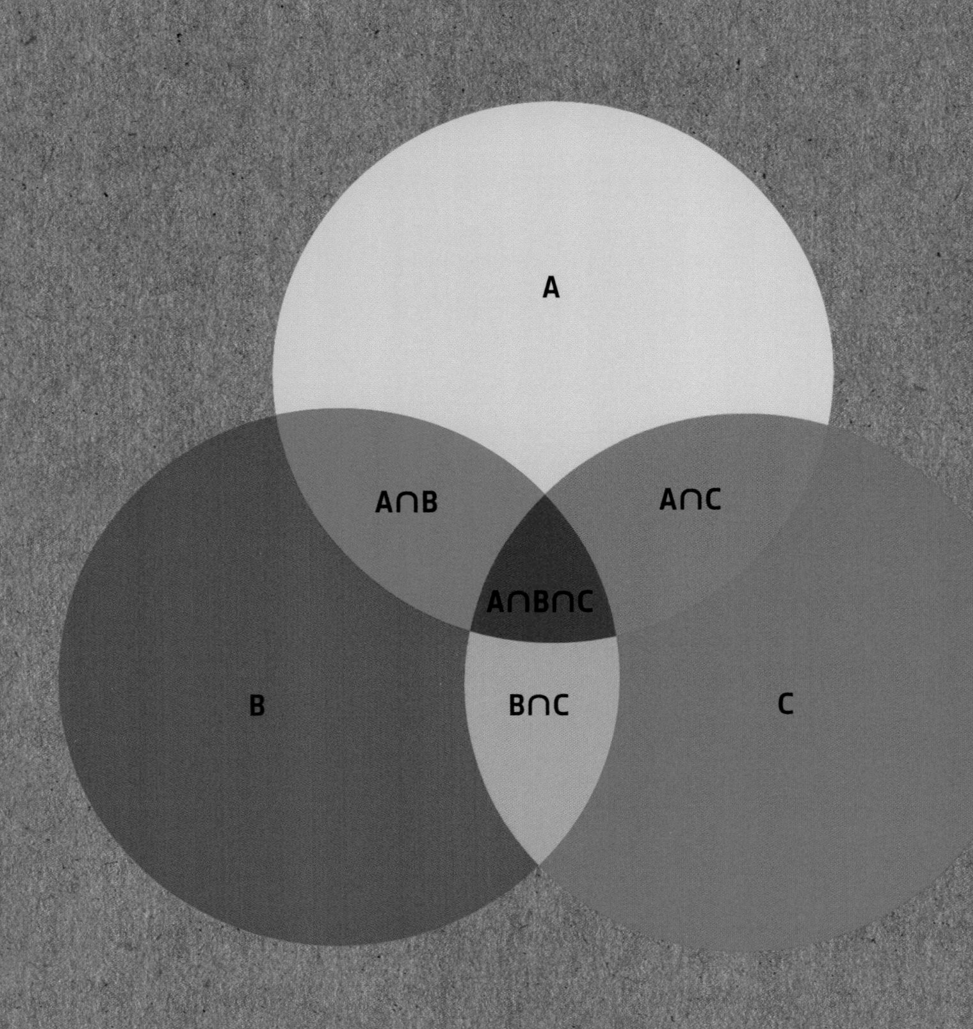
A
A∩B
A∩C
A∩B∩C
B
B∩C
C

집합과 군

SETS & GROUPS

대상들을 모으고 분류하는 일은 수학의 핵심 요소다. 대상들이 공유한 속성을 대상들의 모임(집합)을 통해 정의할 수 있다. 또 집합들의 합집합(집합들을 합치고 중복된 대상들을 하나씩만 남겨서 만든 새로운 집합)이나 교집합(원래 집합들 모두에 속한 대상들만으로 만든 집합)을 연구하면 대상들의 속성을 더 세밀하게 논할 수 있다. 정수의 집합을 생각해보자. 우리는 이 집합의 원소 두 개를 조합하여 그 결과로 역시 이 집합의 원소를 산출하는 연산을 정의할 수 있다. 이를테면 덧셈이 그런 연산이다. 정수의 집합과 덧셈이 가진 이 같은 속성을 '정수의 집합은 덧셈에 대해 닫혀 있다'라고 표현한다. 군이란 다음과 같은 특별한 속성들을 가진 집합이다. 첫째, 임의의 두 원소를 특정 연산(예컨대 덧셈)을 통해 조합한 결과가 다시 그 집합에 속한다(즉 특정 연산에 대해 닫혀 있다). 둘째, 어떤 특별한 원소와 임의의 원소를 조합한 결과가 그 임의의 원소와 같을 때, 그 특별한 원소를 항등원이라고 하는데, 그런 항등원이 존재한다. 예컨대 덧셈의 항등원은 0이다. 정수의 집합에는 덧셈의 항등원이 존재한다. 셋째, 원소 각각에 대해 이른바 역원이 존재한다. X와 X의 역원을 특정 연산을 통해 조합하면 결과로 항등원이 나온다. 정수의 집합과 덧셈을 생각해보자. 우선 항등원은 0이다. 그리고 예컨대 5의 역원은 −5다. 왜냐하면 5+(−5)=0이기 때문이다.

30초 저자

데이비드 페리

3초 요약

무릇 대상들의 모임은 수학적인 집합이다. 집합이 군이 되기 위한 필요조건 하나는 임의의 두 원소를 특정 연산을 통해 조합한 결과가 다시 그 집합의 원소여야 한다는 것이다.

3분 보충

우리는 수를 원소로 하는 집합을 거론했지만 다른 유형의 원소들로 이루어진 집합은 더 흥미로울 수 있다. 예를 들어 음악이론에 나오는 '5도권(circle of fifth)'은 서양음계의 음 12개로 이루어진 집합이다. 적절한 연산을 정의하면 이 집합에 이른바 순환군의 구조를 부여할 수 있다.

관련 주제

함수
49쪽
환과 체
91쪽

3초 인물 소개

조제프 루이 라그랑주
1736~1813

닐스 헨릭 아벨
1802~1829

에바리스트 갈루아
1811~1832

아서 케일리
1821~1895

게오르크 칸토어
1845~1918

베누아 만델브로트
1824~2010

벤다이어그램은 여러 집합들의 상호 관계를 이해하는 데 도움을 주는 시각적 도구다.

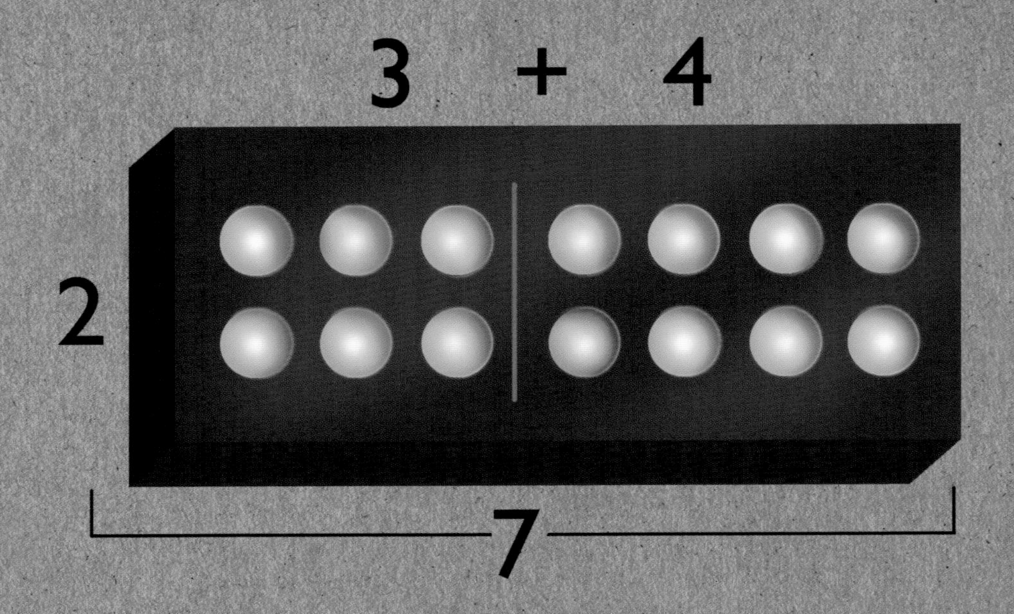

$$2\times(3+4) = 2\times3+2\times4$$

환과 체

RINGS & FIELDS

30초 저자
데이비드 페리

정수 산술은 덧셈과 곱셈이라는 두 가지 기본 연산을 포함한다(이것들을 배우고 나면 뺄셈과 나눗셈도 배운다). 학교에서 우리는 덧셈의 연쇄 1+4+9+16에 괄호가 필요하지 않음을 배운다. 왜냐하면 어느 덧셈을 먼저 하든지 결과는 동일하기 때문이다. 심지어 수들의 순서를 바꿔놓아도 똑같은 결과가 나온다(덧셈은 결합성과 교환성을 지녔다). 학교에서는 다음과 같은 분배법칙을 다루면서 덧셈과 곱셈이 어떻게 상호작용하는지도 가르친다. $a\times(b+c)=a\times b+a\times c$ 곱셈과 덧셈에 대해서 정수 집합이 지닌 이 같은 유용한 속성들을 다른 많은 집합도 지녔다. 그런 집합을 환(ring)이라고 한다. 실수 집합도 환이다. 하지만 실수 집합은 정수 집합이 가지지 않은 유용한 속성 하나를 추가로 가졌다. 정수 집합에서는 두 정수를 더하거나 곱하거나 뺀 결과는 항상 정수지만, 한 정수를 다른 정수로 나눈 결과는 정수가 아닐 수도 있다. 반면에 임의의 실수를 다른 (0을 제외한) 임의의 실수로 나눈 결과는 항상 실수다. 이 차이 때문에 실수 집합은 환일 뿐 아니라 '체(field)'다.

관련 주제
덧셈과 뺄셈
43쪽
곱셈과 나눗셈
45쪽
다항방정식
83쪽
집합과 군
89쪽
원과 면적이 같은 정사각형 작도하기
107쪽

3초 인물 소개
에바리스테 갈루아
1811~1832
리하르트 데데킨트
1831~1916
에미 뇌터
1882~1935

3초 요약
실수 집합은 몇 가지 특별한 속성을 지녔기 때문에 '환'으로 불린다. 실수 집합은 더 특별하기 때문에 '체'로 불린다.

3분 보충
환과 체의 개념이 등장한 것은 수학의 역사에서 중요한 사건이었다. 그 덕분에 수학자들은 몇몇 고전적 문제를 새로운 언어로 번역할 수 있었다. 그 언어의 도움으로 오랫동안 추구해온 증명들이 이루어졌다. 이를테면 눈금 없는 자와 컴퍼스만 이용해서 원과 면적이 같은 정사각형을 작도할 수 없다는 것, 주어진 정육면체보다 부피가 두 배로 큰 정육면체의 한 변을 작도할 수 없다는 것, 임의의 각을 3등분할 수 없다는 것이 증명되었다. 뿐만 아니라 4차방정식의 근의 공식까지는 존재하지만 5차방정식의 근의 공식은 존재하지 않는다는 사실도 환과 체의 개념 덕분에 증명되었다.

분배법칙은 덧셈과 곱셈이 어떻게 상호작용하는지 알려준다. 어떤 집합에서 분배법칙이 성립한다면, 그 집합은 환일 수 있다.

기하학과 도형

기하학과 도형
용어해설

갈루아의 이론 '군'이라는 대수학적 구조를 이용하여 대수방정식을 푸는 방법.

공리 자명하게 참이거나 증명 없이 참으로 받아들인 명제 혹은 진술.

괴짜 수학계에서는 증명된 정리를 받아들이지 않는 사람을 우호적으로 일컬어 '괴짜(crank)'라고 한다.

기하학 주로 도형, 선, 점, 곡면, 입체를 다루는 수학 분야.

다면체 다각형 면을 4개 이상 가진 입체. 정다면체의 면들은 정다각형이다.

도움정리 더 중요한 수학적 참 명제(이를테면 정리)를 뒷받침하는 수학적 참 명제. 더 중요한 참 명제에 도달하기 위한 디딤돌의 구실을 한다.

둘레 닫힌곡선 형태의 도형의 경계선 또는 경계선의 길이(주로 원에 대해서 거론함).

명제 참이거나 거짓인 문장. 수학 책에서 명제가 나오면 곧이어 그것이 참임을 보여주는 논증(증명)이 뒤따르는 경우가 많다.

반지름 원의 중심에서 둘레까지의 거리. 지름의 절반이다.

빗변 직각삼각형에서 직각과 마주한 변. 피타고라스정리에서 중요한 구실을 한다(피타고라스정리 참조).

상수 홀로 있는 숫자, 철자, 또는 기호이며 고정된 값을 나타낸다. 예컨대 방정식 $3x-8=4$에서 3은 계수, x는 변수, 8과 4는 상수다. 그러나 π나 e처럼 고유한 기호로 표기되는 특별한 수를 일컬어 상수라고 하는 경우도 많다.

수론 주로 수들의 속성과 관계를 다루는 수학 분야. 특히 양의 정수에 관심을 기울인다.

쌍곡 기하학 비유클리드 기하학의 하나. 쌍곡 기하학에서는 유클리드 기하학의 평행선 공리 대신에 주어진 직선과 만나지 않는 직선이 한 평면에 최소한 두 개 있다는 공리를 채택한다. 이 기하학에서 삼각형의 내각의 합은 180도보다 작다(유클리드 기하학 참조).

오각형 변 5개와 각 5개로 이루어진 다각형.

원뿔곡선 원뿔을 평면으로 잘랐을 때 단면의 경계선이 이루는 곡선. 평면을 어떤 각도로 기울여 원뿔을 자르느냐에 따라 원뿔곡선은 원이나 타원, 포물선, 쌍곡선이 된다.

유클리드 기하학 2차원 평면과 3차원 공간에 놓인 점, 직선, 각을 연구하는 기하학 분야. 고대 그리스 수학자인 알렉산드리아의 유클리드의 이름을 따서 명명된 이 기하학 시스템은 그의 저서『기하학원본』에 나오는 다섯 개의 공리를 주춧돌로 삼는다.

육각형 변 6개와 각 6개로 이루어진 다각형.

정리 이미 받아들여진 수학적 참 명제나 공리의 논리적 귀결임이 확인된 수학적 참 명제.

정십이면체 면이 12개인 정다면체. 각 면은 정오각형이다. 플라톤입체(정다면체) 다섯 개 중 하나다. 정다면체가 아닌 십이면체의 예로 마름모십이면체가 있다.

정이십면체 면이 20개인 정다면체로, 각 면은 정삼각형이다. 플라톤입체 다섯 개 중 하나다.

지름 원이나 구 위의 한 점에서 중심을 지나 반대쪽 점까지 이어진 선분(의 길이). 더 일반적으로 말하면, 원 위의 임의의 두 점 사이의 최대 거리.

초월수 계수가 모두 정수이고 차수가 1차 이상인 다항방정식의 해가 아닌 수. 즉 대수적 수가 아닌 수. 가장 유명한 초월수로 π가 있다. 초월수의 정의에 따라, 예컨대 $\pi^2=10$은 결코 성립할 수 없는 등식이다. 실수의 대부분은 초월수다.

펜타그램 직선 5개로 이루어졌으며 뿔이 5개인 별 모양.

피타고라스정리 직각삼각형에 관한 정리로 피타고라스가 증명했다고 여겨진다. 이 정리에 따르면, 직각삼각형에서 빗변의 제곱은 나머지 두 변의 제곱의 합과 같다. 통상 $a^2+b^2=c^2$이라는 등식으로 표현된다.

Ἐν ἄρα τοῖς ὀρθογωνίοις τριγώνοις τὸ ἀπὸ τῆς τὴν ὀρθὴν γωνίαν ὑποτεινούσης πλευρᾶς τετράγωνον ἴσον ἐστὶ τοῖς ἀπὸ τῶν τὴν ὀρθὴν [γωνίαν] περιεχουσῶν πλευρῶν τετραγώνοις· ὅπερ ἔδει δεῖξαι.

유클리드의 『기하학원본』

EUCLID'S ELEMENTS

30초 저자
데이비드 페리

유클리드는 기원전 300년경 알렉산드리아에서 살면서 학생들을 가르친 그리스 수학자다. 그가 존경받는 것은 삼각형, 원, 소수에 관한 몇몇 정리를 증명했기 때문만이 아니다. 그는 정의를 제시하고 공리를 상정한 다음에 이 기본 전제들의 논리적 귀결들을 차례로 도출하는 방식으로 수학적 사고의 방법 자체를 확립했다. 그가 제시한 수학적 추론의 방법은 이후 2200년 동안 전 세계에서 기하학 수업의 기초로 구실했다. 그의 가장 유명한 저서인 13권짜리 『기하학원본』의 대부분은 기하학을 다루지만(1권에서는 피타고라스정리를 증명하고, 13권에서는 플라톤입체 다섯 개를 작도하는 방법을 설명한다) 유클리드는 세 권을 수론에 할애했다. 7권에서 그는 두 정수의 최대공약수를 찾는 방법을 설명한다. 그가 자세히 설명한 알고리즘은 그의 이름을 따서 명명되었다. 9권에서는 피타고라스정리를 다시 다루면서 직각삼각형의 세 변이 될 수 있는 세 정수(이른바 피타고라스의 삼중수)를 찾는 방법을 설명한다. 예컨대 3, 4, 5는 $3^2+4^2=5^2$의 관계이므로 피타고라스의 삼중수다.

관련 주제
소수
25쪽
원과 면적이 같은 정사각형 작도하기
107쪽
평행선
109쪽
플라톤입체
117쪽

3초 인물 소개
피타고라스
기원전 약 570~490
유클리드
전성기 기원전 300

3초 요약
총 13권으로 이루어진 『기하학원본』에서 유클리드는 기하학과 수론 분야의 아름답고 놀라운 정리들을 제시하여 인류 문명에 어마어마한 영향을 미쳤다.

3분 보충
유클리드의 철학에 관한 유명한 일화가 있다. 어느 날 강의에서 유클리드가 어떤 명제를 증명하고 나자 한 학생이 묻기를 이 내용에 무슨 실용성이 있겠느냐고 했다. 유클리드는 그 학생에게 동전 한 닢을 주면서 가라고 했다. 왜냐하면 그 학생은 배움 그 자체를 위한 배움이 아니라 지식의 보상을 요구했기 때문이다. 이집트 왕 프톨레마이오스 1세가 수학 정리들을 이해하는 더 쉬운 방법을 알려달라고 요청했을 때, 유클리드는 이렇게 대꾸했다. "기하학에는 왕도가 없습니다."

피타고라스정리의 증명.
회색 정사각형의 면적은 노란색 직사각형의 면적과 같고
빨간색 정사각형의 면적은 파란색 직사각형의 면적과 같음을
합동인 삼각형들을 이용하여 보여줄 수 있다.

원주율 파이

PI–THE CIRCLE CONSTANT

30초 저자
리처드 브라운

보기에는 쉬워도 계산하기 어려운 수학 상수 가운데 가장 유명하고 오래된 것은 아마도 무리수(또한 초월수) π=3.1415926535897…일 것이다. 이 상수는 원과 관련이 있기 때문에 모든 고대 문명들이 알았다. 구체적으로 이 상수는 원의 둘레를 지름으로 나눈 값이다. 이 상수를 그리스어 철자 π로 표기하는 관습은 '둘레'를 뜻하는 그리스어 'perimeter'(그리스 철자로 쓰면 περίμετρος)가 이 철자로 시작하는 것에서 유래했다는 것이 통설이다. π를 아르키메데스의 상수라고도 하는데, 이는 아르키메데스가 π를 계산하기 위해 애쓴 것으로 유명하기 때문이다. 실제로 아르키메데스와 중국 수학자 유휘(劉徽) 등은 원에 내접하거나 외접하는 다각형을 이용하여 π를 근사적으로 계산했다. 그후 라이프니츠는 미적분학을 이용하여 π를 계산했고, 인도 수학자 라마누잔 등은 π를 계산하는 매혹적인 공식들을 개발했다. 단일한 개념 중에서 π만큼 많은 수학 연구를 유발한 것은 없다고 해도 과언이 아닐 것이다. 지금도 π는 자연과학과 사회과학의 거의 모든 분야에서 핵심 역할을 한다. 늘 신비의 베일에 싸인 상수 π는 사람들의 기억력 경쟁과 컴퓨터들의 계산 성능 경쟁을 부추겨왔다. 이 상수는 여러 방식으로 특별한 대접을 받는다. 예컨대 어느새 전 지구적 기념일로 자리 잡은 '파이데이'(3월 14일)가 있는가 하면, π의 값을 외우는 방법을 개발하는 (진지하면서도 상당히 유머러스한) '파이문헌학(π-philology)'이라는 새로운 연구 분야도 있다.

3초 요약
지름에 어떤 양을 곱하면 결과로 둘레가 나오는데, 그 양이 π이다.

3분 보충
파이문헌학에서 π의 값을 외우기 위해 쓰는 수단으로 '파이엠(piem)'이라는 시가 있다. 파이엠을 이루는 각 단어의 철자 개수는 π의 소수 표현을 이루는 각 숫자와 일치한다. 제임스 진스 경이 지은 파이엠의 첫 부분은 다음과 같다. "How I want a drink, alcoholic of course, after the heavy lectures involving quantum mechanics(고된 양자역학 강의를 하고 나면 나는 음료가, 당연히 알코올이 든 음료가 얼마나 당기는지)" 보다시피 영어 단어들의 철자 개수가 차례로 3, 1, 4, 1, 5, 9, 2 등이다. 이런 식으로 π의 소수 표현에 맞춰서 쓴 글을 '파일리시(pilish)'라고 한다. 마이크 케이스는 1996년에 단편소설 「카데익 카덴차(Cadaeic Cadenza)」를 파일리시로 썼다. 총 3,835 단어로 된 이 작품은 산문 형태의 파이엠인 셈이다.

관련 주제

유리수와 무리수
19쪽
삼각함수
105쪽
원과 면적이 같은 정사각형 작도하기
107쪽

3초 인물 소개
피타고라스
기원전 약 570~490
아르키메데스
기원전 약 287~212
아이작 뉴턴
1643~1727
윌리엄 존스
1675~1749

아르키메데스는 원에 내접하는 다각형과 외접하는 다각형을 그리고 둘레를 측정하는 작업을 계속 반복함으로써 π의 근삿값을 구했다.

1/φ
1
φ
1

황금비율

THE GOLDEN RATIO

30초 저자
로버트 파다우어

선분을 길이가 다른 두 부분으로 나눈다고 해 보자. 긴 부분을 a라고 하고, 작은 부분을 b라고 하자. 이때 두 부분의 합을 긴 부분으로 나눈 결과가 긴 부분을 작은 부분으로 나눈 결과와 같다면, 즉 $(a+b)/a=a/b$라면, a와 b는 황금비율을 이룬다. 이 비율은 '황금분할(golden section)', '황금중간(golden mean)', '신성한 비율(divine proportion)'로도 불리며 그리스어 철자 ϕ('파이')로 표기된다. ϕ는 무리수이며 그 값은 $\phi=(1+\sqrt{5})/2=1.6180339887498\cdots$이다. 수학자에게 흥미로운 것은 ϕ가 $\phi^2=1+\phi$와 $1/\phi=\phi-1$도 만족시킨다는 점이다. 또한 황금비율은 변의 길이가 1인 정오각형에서 대각선의 길이와 같다. 피타고라스와 그의 추종자들은 정오각형의 대각선들로 이루어진 도형인 펜타그램에 신비로운 의미들을 부여했다. 미술가와 건축가는 보기에 흡족한 비율을 창조하기 위해 황금비율을 이용한다. 피보나치수열 1, 1, 2, 3, 5, 8, 13, 21, 34…는 수들이 커질수록 인접한 두 수의 비율이 ϕ에 접근한다. 두 변이 황금비율을 이루는 직사각형, 즉 황금 직사각형은 정십이면체에서도 발견되고 정이십면체에서도 발견된다. 변이 매번 1/ϕ의 배율로 줄어드는 정사각형들을 다음 쪽 그림처럼 짜 맞춰 배열하고 원호들을 그어 연결하면 황금나선이 그려진다.

관련 주제
유리수와 무리수
19쪽
피보나치수열
27쪽
플라톤입체
117쪽

3초 인물 소개
피타고라스
기원전 약 570~490
레오나르도 피사노 (피보나치)
1170~1250
로저 펜로즈
1931~

3초 요약
두 부분의 합을 큰 부분으로 나눈 결과가 큰 부분을 작은 부분으로 나눈 결과와 같다면, 큰 부분과 작은 부분은 황금비율을 이룬다.

3분 보충
황금비율은 미술, 건축, 디자인에서 아름다움을 위해 중요한 역할을 한다는 말을 흔히 들을 수 있다. 실례로 고대 이집트의 피라미드와 그리스의 신전부터 레오나르도 다 빈치의 그림을 거쳐 현재의 아이패드까지 거론된다. 물론 작품 속에 황금비율을 의도적으로 집어넣은 예술가와 디자이너(예컨대 건축가 르 코르뷔지에)가 있기는 하다. 그러나 많은 이들은 황금비율의 예술적 중요성을 의문시한다.

변의 길이가 황금비율로 줄어드는(혹은 늘어나는) 정사각형들을 배열하면 나선의 형태로 빈틈없이 배열할 수 있다. 그런 다음에 각각의 정사각형 내부에 원호를 그어 연결하면 황금나선이 그려진다.

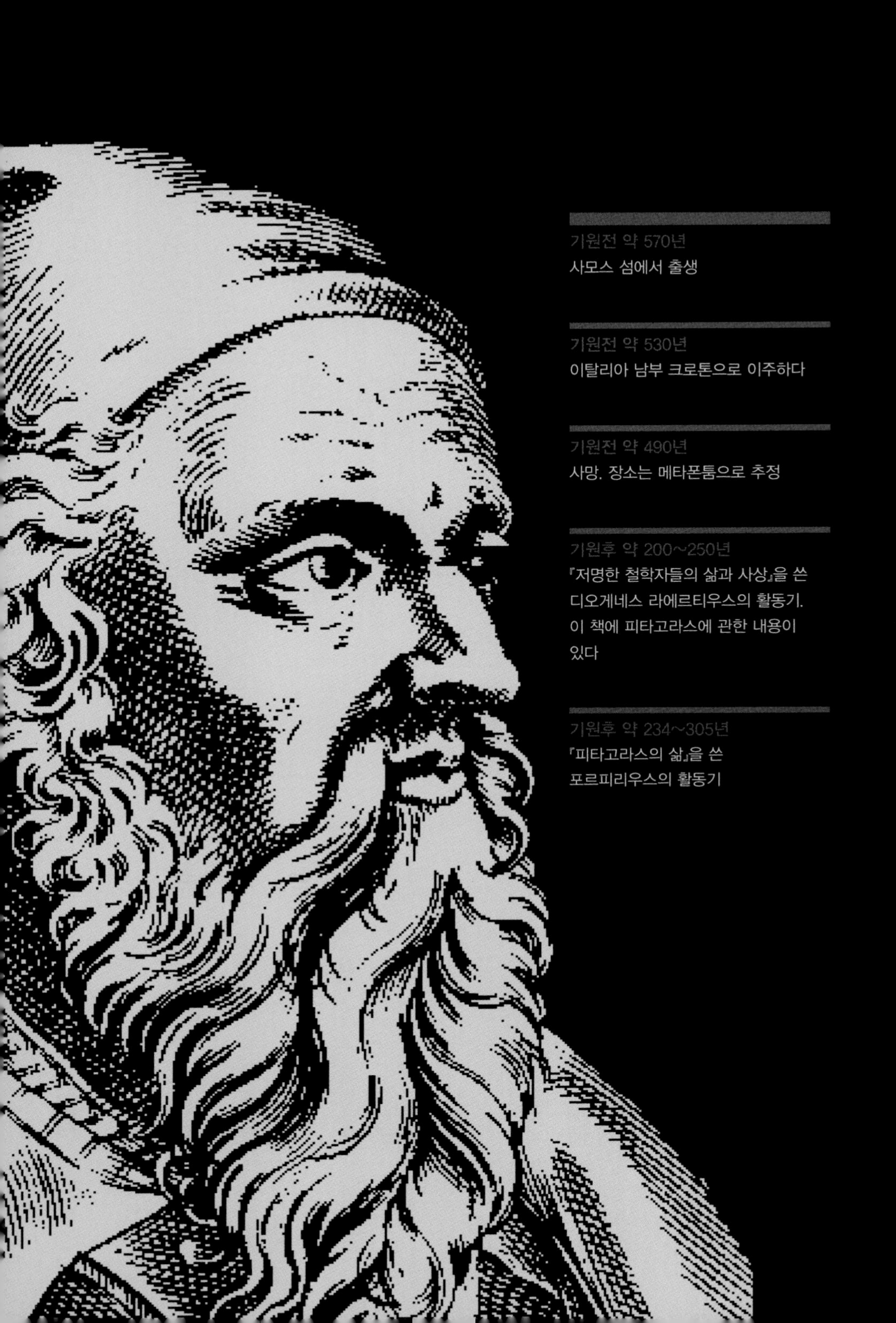

기원전 약 570년
사모스 섬에서 출생

기원전 약 530년
이탈리아 남부 크로톤으로 이주하다

기원전 약 490년
사망. 장소는 메타폰툼으로 추정

기원후 약 200~250년
『저명한 철학자들의 삶과 사상』을 쓴 디오게네스 라에르티우스의 활동기. 이 책에 피타고라스에 관한 내용이 있다

기원후 약 234~305년
『피타고라스의 삶』을 쓴 포르피리우스의 활동기

피타고라스

수학자가 아니더라도 대다수의 사람들은 학교에서 배운 피타고라스정리를 기억한다. 현대인에게 피타고라스는 그 정리로 가장 잘 알려져 있다. 하지만 그는 훨씬 더 수수께끼 같은 인물이다. 역사 속의 실제 인물 피타고라스와 그의 업적, 그에 관한 신화와 소문, 성인의 일대기에 가까운 전설들을 파헤치는 작업이 하나의 학문 분야로 자리잡았을 정도다. 그는 저술을 전혀 남기지 않았고 동시대인들도 마찬가지여서, 그에 대해 알려진 바는 거의 없다. 수많은 추종자들에게 그는 신비로운 반신반인이었다. 이를테면 고대세계의 아서왕이었다고 할 만하다.

신비로운 카리스마를 지닌 피타고라스는 넓적다리가 황금이었고 기적을 일으켰으며 샤먼의 능력을 지녀서 동시에 두 장소에 있을 수 있었다고 한다. 그는 영혼의 불멸을 믿었고 여러 번 환생했으며 비밀스러운 종교를 창시했고 엄격한 금욕생활로 많은 존경을 받았으며 정치 권력으로부터 박해를 받을 만큼 중요한 인물이었다. 우리가 이런 정보를 아는 것은 헌신적으로 그를 추종한 피타고라스주의자들 덕분이다. 기원전 5세기까지 활약한 피타고라스주의자들은 그가 죽은 지 150년 정도가 지난 뒤부터 그에 관한 글을 쓰기 시작했다. 그들은 역사를 다시 쓰고 피타고라스의 업적을 찬양했으며 아리스토텔레스와 플라톤의 사상 전체가 피타고라스에게서 유래했다고 주장했다. 피타고라스를 저자로 내세운 많은 글은 실은 그가 쓴 것이 아니다. 수학과 관련해서는, 피타고라스가 수와 수들 사이의 관계에 신성하고 신비로운 의미를 부여한 것은 사실이지만, 그가 피타고라스정리를 증명했을 가능성은 낮다. 그가 기하학을 연구했다는 유일한 증거는 후대의 선전에서 유래한 것이다. 오늘날 우리는 피타고라스정리를 바빌로니아 학자들도 산술의 형태로 알았음을 안다. 물론 그들도 이 정리를 증명하지는 않았지만 말이다. 요컨대 이 정리에 피타고라스의 이름이 붙은 것은 그가 이 중요하고 아름다운 수학 지식을 전달한 공로자이기 때문일 수도 있다.

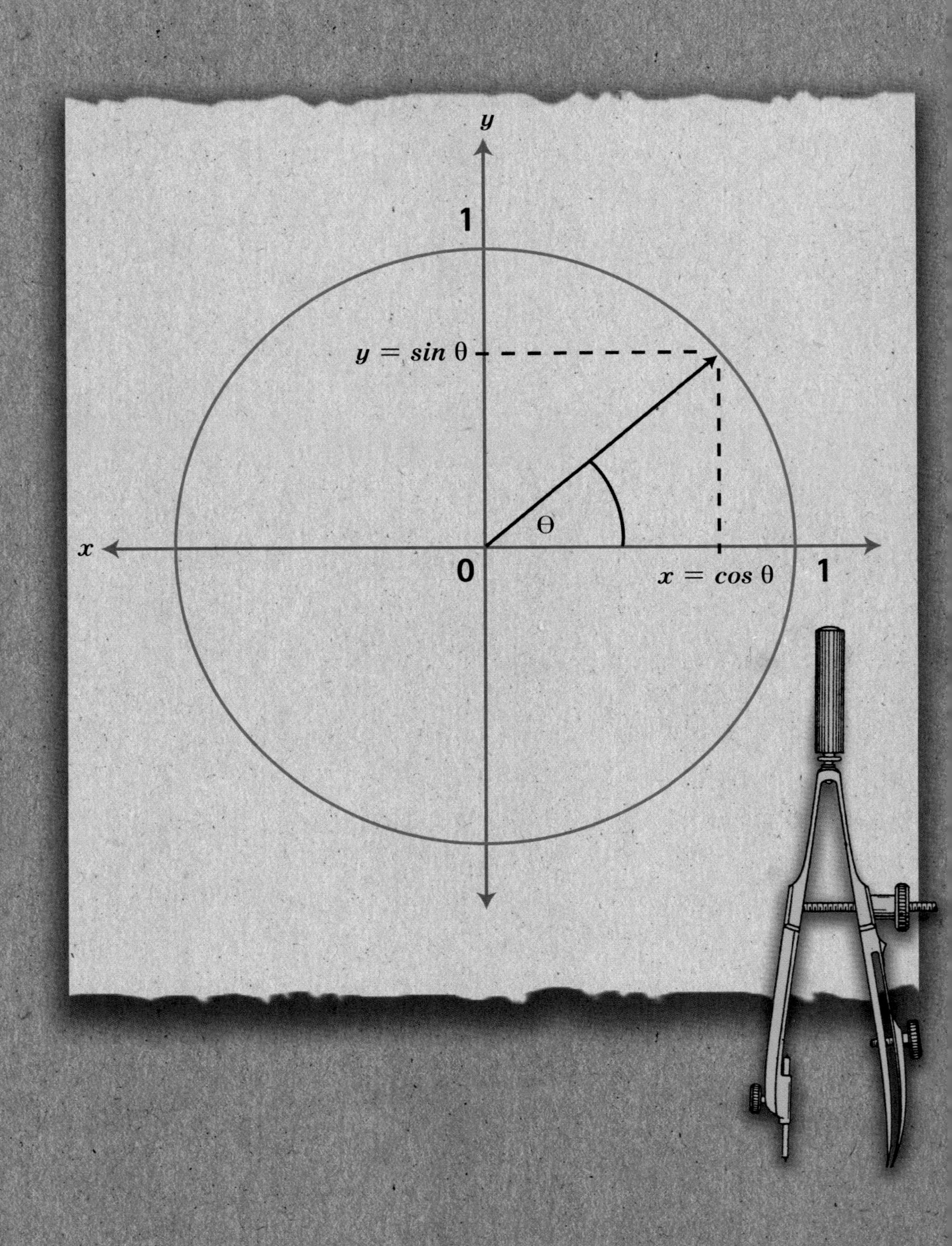
y
1
y = sin θ
θ
x
0
x = cos θ
1

삼각함수

TRIGONOMETRY

30초 저자
로버트 파다우어

직각삼각형에서 각들의 크기는 변들 사이의 비율과 관련이 있다. 삼각함수의 기본인 '사인 함수'는 (또한 그 사촌뻘인 '코사인 함수' 등도) 바로 이 관련성을 표현한다. 한 각의 사인은 마주보는 변의 길이를 빗변(직각과 마주보는 변)의 길이로 나눈 값과 같다. 직각삼각형의 각을 재서 변의 길이를 계산하는 방법(삼각법)은 고대 천문학자와 탐험가에게 엄청나게 요긴했다. 수메르인부터 그리스인, 인도인, 페르시아인까지, 다양한 문명이 삼각법을 이용했다. 기원전 2세기의 그리스 천문학자 히파르코스는 '삼각함수의 아버지'로 여겨진다. 현대 과학자들은 삼각함수를 더 일반적으로 정의한다. 원 위의 한 점을 직각삼각형을 통해 지정할 수 있다. 만일 원의 반지름이 1이라면, 원 위의 한 점의 x좌표와 y좌표는 각 θ의 코사인과 사인이다. θ가 0도에서 출발하여 점점 커지면, y좌표는 증가하다가 감소하여 음수가 되고 다시 0으로 복귀한다. 이때 θ는 360도인데, 여기에 머물지 않고 θ가 계속 커지면, y좌표는 이 사이클을 반복한다. 따라서 θ를 x축에 나타내고 θ의 사인을 y축에 나타내어 그래프를 그리면, 주기적인(같은 모양이 반복되는) 파동이 그려진다. 이 때문에 파동과 관련이 있는 모든 현상(물리학에서 빛, 음악에서 소리, 해양학에서 파도, 의학에서 엑스선, 기타 공학과 건축학에서 다루는 많은 현상)을 사인과 코사인 같은 기초적인 삼각함수를 이용하여 연구할 수 있다.

관련 주제

함수
49쪽
미적분학
53쪽
원주율 파이
99쪽
그래프
111쪽

3초 인물 소개
히파르코스
기원전 약 190~120
프톨레마이오스
기원전 약 90~165
레온하르트 오일러
1707~1783

3초 요약
삼각함수는 직각삼각형의 각들과 변들 사이의 관계에 기초를 두며 현대 과학의 모든 분야에서 근본적인 역할을 한다.

3분 보충
학교에서 일반적으로 배우는 평면삼각법에서 삼각형의 각들의 합은 180도다. 그러나 천문학에서 쓰이고 고대 문명들에서 더 중요했던 것은 구면삼각법이다. 구면에 그린 삼각형의 각들의 합은 180도보다 크다. 심지어 삼각형의 꼭짓점 하나가 북극에 있고 나머지 두 개가 (적도 길이의 1/4만큼 간격을 두고) 적도에 있다면, 삼각형의 세 각은 모두 90도가 된다.

코사인 함수와 사인 함수는 x축과 사잇각 θ를 이루는 직선이 단위원(반지름이 1인 원)과 만나는 점의 x좌표와 y좌표로 정의된다.

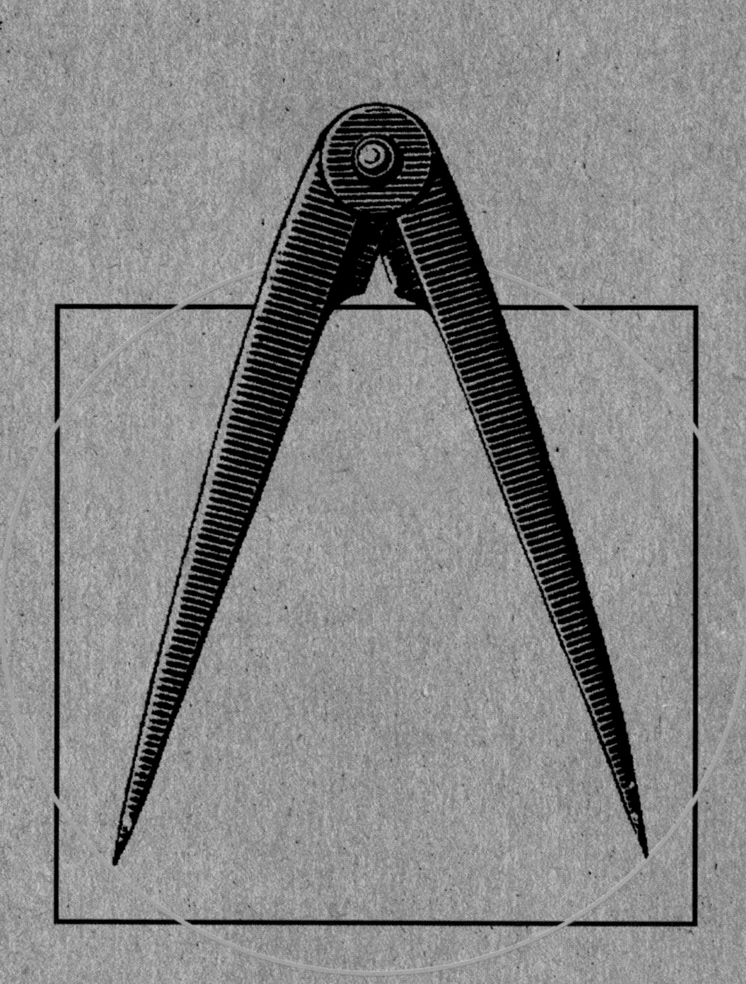

원과 면적이 같은 정사각형 작도하기

SQUARING THE CIRCLE

고대 그리스인은 모든 수를 길이로 생각했다. 따라서 거의 전적으로 기하학적인 방법에 의지하여 수학을 연구했다. 예컨대 한 수를 2로 나누는 계산을 고대 그리스인은 기하학적 작도로 간주했다. 우선 피젯수를 나타내는 선분을 긋는다. 이어서 기하학의 도구인 직선 자와 컴퍼스를 이용하여 그 선분을 양분한다. 고대 그리스인에게는 이것이 '2로 나누기' 작업이었다. 우선 원을 그려놓고 그 원과 면적이 같은 정사각형을 작도하는 과제를 생각해볼 수 있다. 수천 년 전의 수학자들은 이 과제, 곧 '원과 면적이 같은 정사각형 작도하기'를 근사적으로 해결했다. 그러나 그들의 시도는 π를 두 정수의 비율로 나타낼 수 있다는 전제에 의존했다. 하지만 π는 무리수일 뿐더러 초월수임을 우리는 안다. π가 초월수라는 사실은 19세기에 증명되었다. 초월수를 직선 자와 컴퍼스로 작도할 수 없다는 사실은 그로부터 몇 백 년 전에 여러 수학자가 각자 독립적으로 증명해놓은 상태였다. 따라서 '원과 면적이 같은 정사각형 작도하기'는 해결 불가능한 과제라는 것이 확실히 증명된 셈이었다. 그러나 이 과제를 해결하려 애쓰는 과정에서 뜻밖의 성과들이 나왔다. 고대 그리스의 메나에크무스는 이 과제를 붙들고 씨름하다가 원뿔곡선의 개념을 고안했고, 현대 수학에서 엄청나게 중요한 추상 대수학과 갈루아의 이론도 이 과제와 관련이 있다.

직선 자와 컴퍼스만 있으면 각을 이등분하거나 정육각형을 그리는 과제를 쉽게 해결할 수 있다. 그러나 원과 면적이 같은 정사각형을 그릴 수는 없다.

관련 주제

유리수와 무리수
19쪽

유클리드의 『기하학원본』
97쪽

원주율 파이
99쪽

3초 인물 소개

엘리스의 히피아스
기원전 약 450~?

유클리드
전성기 기원전 300

아르키메데스
기원전 약 287~212

30초 저자

데이비드 페리

3초 요약

주어진 원과 면적이 같은 정사각형을 직선 자와 컴퍼스로 작도하는 일은 언뜻 간단한 과제처럼 보인다. 그러나 수학자들은 이 과제를 해결하기가 불가능함을 증명했다.

3분 보충

직선 자와 컴퍼스만 이용해서 도형을 작도하는 전통은 유클리드의 『기하학원본』에 수록된 공리들에서 유래했다. 이 도구들로 할 수 있는 작도의 한계는 이 도구들 자체에서 비롯되므로 극복할 길이 없다. 그럼에도 해마다 수많은 아마추어 수학자와 전문 수학자가 원과 면적이 같은 정사각형 작도하기와 같은 불가능한 과제들을 해결했다고 주장한다. 수학계에서는 그런 사람들을 우호적으로 '괴짜'라고 부른다. 돈키호테 같은 열정은 인간 본성의 한 부분인 듯하다.

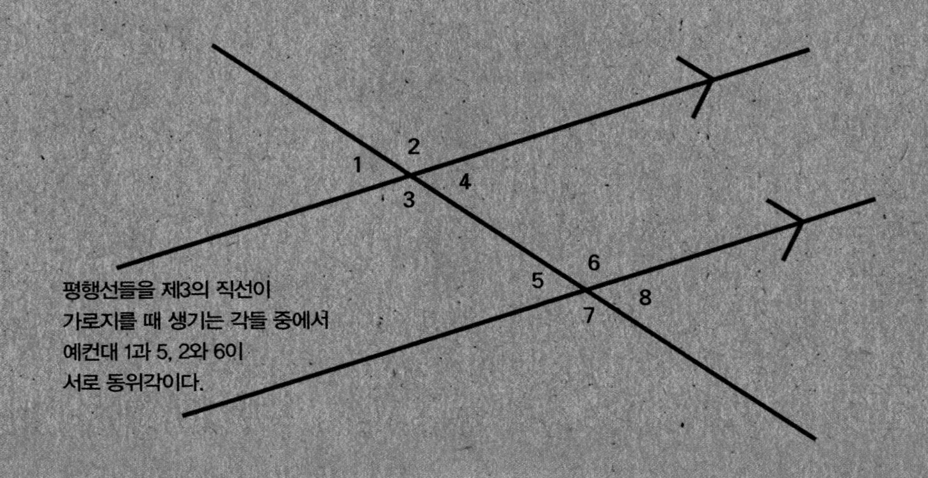

평행선들을 제3의 직선이
가로지를 때 생기는 각들 중에서
예컨대 1과 5, 2와 6이
서로 동위각이다.

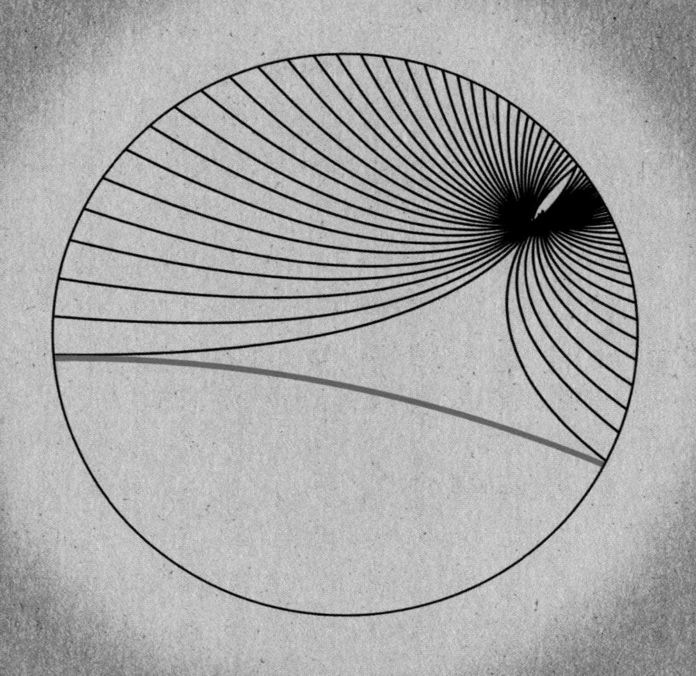

푸앵카레 원반에 표시된
쌍곡 기하학의 평행선들.

평행선

PARALLEL LINES

30초 저자
리처드 엘워스

유클리드가 『기하학원본』에서 2차원 평면의 기하학을 서술하기 시작할 때, 평행선은 핵심적인 구실을 한다. 유클리드는 근본적인 기하학 법칙(이른바 '공리') 다섯 개를 출발점으로 삼는다. 그리고 그 법칙들에서 익숙한 기하학적 사실들을 도출한다. 이를테면 동위각들이 같다는 정리, 즉 만일 평행선 한 쌍을 제3의 직선이 가로지른다면, 위 평행선과 아래 평행선에서 같은 위치에 생긴 각들(동위각들)은 서로 같다는 사실을 도출한다. 유클리드가 제시한 다섯 번째 법칙인 이른바 '평행선 공리'에 따르면, 직선이 있고 따로 떨어진 점 하나가 있을 때, 그 점을 지나면서 그 직선과 평행한 직선을 오직 한 개만 그을 수 있다. 실제로 해보면, 이 공리가 참임을 쉽게 납득할 수 있다. 그러나 수천 년 동안 기하학자들은 이 공리가 왜 참이어야 하는지 이해하려 애썼다. 많은 이들은 이 공리가 더 단순한 나머지 공리 네 개의 귀결이라고 확신했다. 그러나 19세기에 가우스, 보여이, 로바체프스키는 평행선 공리만 빼고 나머지 네 개의 공리를 만족시키는 전혀 새로운 기하학을 각자 독립적으로 발견했다. 비유클리드 '쌍곡' 기하학에서는 주어진 직선과 평행하면서 특정한 점을 지나는 직선을 무한히 많이 그을 수 있다.

관련 주제
유클리드의 『기하학원본』
97쪽

3초 인물 소개

유클리드
전성기 기원전 300

카를 프리드리히 가우스
1777~1855

니콜라이 로바체프스키
1796~1856

야노시 보여이
1802~1860

헤르만 민코프스키
1864~1909

3초 요약
평행선들이란 철도 선로들처럼 한 평면 위에 있지만 아무리 길게 늘여도 서로 만나지 않는 직선들이다. 평행선에 관한 공리는 다양한 기하학을 정의할 때 결정적인 구실을 한다.

3분 보충
평행선들이 넘쳐나는 쌍곡 기하학은 많은 기하학자를 매혹했다. 쌍곡 기하학은 아인슈타인의 특수상대성이론에 채택되어 20세 물리학에 진입했다. 헤르만 민코프스키는 우주의 기하학이 기본적으로 쌍곡 기하학임을 보여주었다. 물론 상식적인 관점에서는 그렇지 않은 듯하지만, 서로에 대해 상대적으로 운동하는 관찰자들이 모두 동등한 권리를 지녔다는 관점을 채택하자 시공의 쌍곡 기하학적 구조가 드러났다.

평행선들은 가장 익숙한 패턴인 동시에 가장 낯선 기하학들에 접근하는 열쇠다.

$$\frac{(x-1)^2}{4^2}+\frac{(y-2)^2}{3^2}=1$$

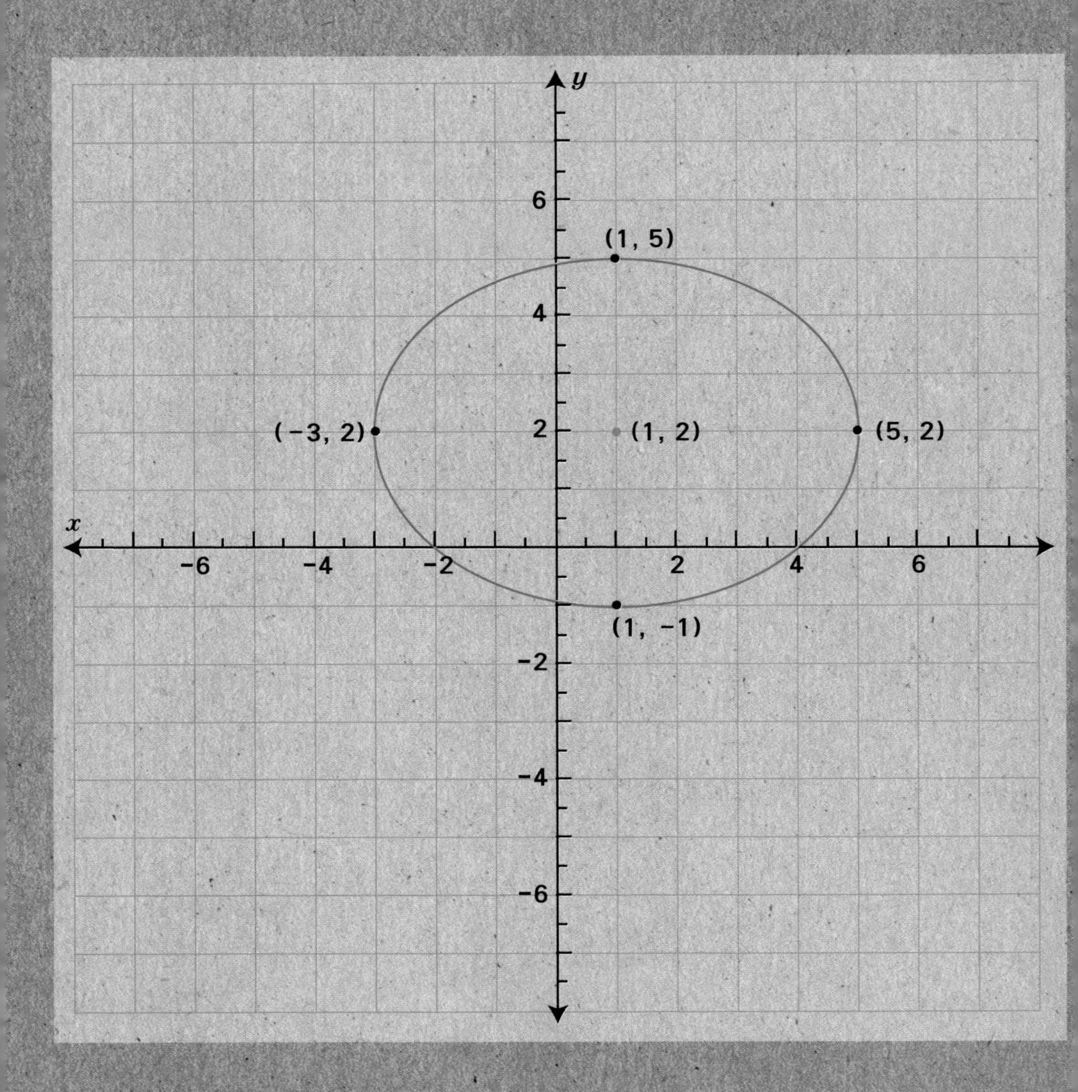

그래프

GRAPHS

30초 저자
로버트 파다우어

수학에서 그래프는 주로 함수를 시각적으로 표현할 때 사용한다. 생물학과 경제학을 비롯한 다른 과학 분야들에서 그래프의 주된 용도는 데이터를 보기 좋게 나타내는 것이다. 수학적인 그래프는 통상 x축과 y축이 직각으로 만나 이룬 평면에 그린다. 이 평면에 있는 임의의 점을 '순서쌍' (x, y)를 통해 지정할 수 있다. 이때 x는 그 점이 y축에서 떨어진 거리, y는 x축에서 떨어진 거리를 의미한다. 통상 'z축'으로 불리는 세 번째 축을 추가하면, 똑같은 방식으로 3차원 공간에 그래프를 그릴 수 있다. 이런 평면이나 공간을 '데카르트 좌표계'라고 한다. 프랑스 수학자 겸 철학자 데카르트가 그 발명자이기 때문이다. 그와 같은 시대에 활동한 피에르 드 페르마도 유사한 개념을 독자적으로 개발했다. 그러나 그래프를 발명한 공로는 니콜 오렘에게 돌리는 것이 더 적절할 수도 있다. 오렘은 데카르트보다 3세기 먼저 수직축과 수평축과 그래프를 이용하여 속력이 다른 두 물체의 이동거리에 관한 법칙을 증명했다. 데카르트가 그래프의 잠재력을 깨닫고 수와 기하학적 도형을 결합한 것은 수학사에서 획기적인 발전이었다. 이 발전 덕분에 기하학적 도형을 방정식으로 표현하고 대수학과 기하학을 종합하여 해석기하학이라는 분야를 창조할 수 있게 되었다.

관련 주제

허수
21쪽
함수
49쪽
미적분학
53쪽
평행선
109쪽

3초 인물 소개

니콜 오렘
약 1320~1382

르네 데카르트
1596~1650

피에르 드 페르마
1601~1665

3초 요약
그래프란 두 개 이상의 변수들 사이의 관계를 보여주는 그림이다.

3분 보충
데카르트 좌표계 말고 다른 좌표계들도 있다. 예컨대 극좌표계에서는 거리 좌표 r과 각도 좌표 θ를 통해 한 점을 지정한다. 극좌표계를 이용하면, 한 점에서 모든 방향으로 뻗어나가는 현상을 다루는 문제, 예컨대 안테나에서 송출된 전파가 거리에 따라 어떻게 약해지는가 하는 문제를 더 쉽게 풀 수 있다. 넓은 의미에서 보면 모든 지도는 그래프라고 할 수 있다. 왜냐하면 지도는 도시와 도로의 이름, 고도 등의 데이터를 지리적 위치와 관련지어 나타내기 때문이다.

특정한 타원의 방정식과(위)
데카르트 좌표계에 그래프로 그린 모양(아래).

또 다른 차원

또 다른 차원
용어해설

계승(차례곱) 특정한 양의 정수부터 시작해서 그보다 작은 양의 정수들을 차례로 곱한 결과. 예컨대 6×5×4×3×2×1은 6의 계승이다. 계승을 나타내는 기호는 !다. 4!=4×3×2×1=24다.

공리 자명하게 참이거나 증명 없이 참으로 받아들인 명제 혹은 진술.

꼭짓점 다각형이나 다면체에서 뾰족한 귀퉁이.

다각형 세 개 이상의 선분을 변으로 가진 2차원 도형.

다면체 다각형으로 된 면을 네 개 이상 가진 입체. 정다면체의 면은 정다각형이다.

다항식 수와 변수와 연산으로 이루어지되, 연산은 덧셈, 곱셈, 변수의 양의 정수 거듭제곱(예컨대 x^2)만 허용하는 식(83쪽 다항방정식 참조).

반복 프랙털 기하학에서 사용하는 전문용어로, 똑같은 작업을 되풀이하는 것을 말한다.

복소수 실수부와 허수부로 이루어진 수. 즉 a와 b가 임의의 실수이고 $i=\sqrt{-1}$일 때, $a+bi$는 복소수다.

오일러 표수 위상수학에서 도형이 가진 어떤 특수한 위상수학적 속성을 말하기 위해 사용하는 용어다. 3차원 다면체의 오일러 표수는 V−E+F와 같다. 이때 V는 꼭짓점의 개수, E는 변의 개수, F는 면의 개수다.

원환면(토러스) 기하학에서 도넛처럼 생긴 물체의 표면을 가리키는 용어.

정사면체 면이 네 개인 정다면체. 각 면은 정삼각형이다. 플라톤입체 다섯 개 중 하나다.

정십이면체 면이 12개인 정다면체. 각 면은 정오각형이다. 플라톤입체(정다면체) 다섯 개 중 하나다. 정다면체가 아닌 십이면체의 예로 마름모십이면체가 있다.

정육면체 정사각형으로 된 면 여섯 개를 가진 입체. 플라톤입체 다섯 개 중 하나다.

정이십면체 면이 20개인 정다면체. 각 면은 정삼각형이다. 플라톤입체 다섯 개 중 하나다.

정팔면체 면이 8개인 정다면체. 각 면은 정삼각형이다. 플라톤입체 다섯 개 중 하나다.

존스 다항식 매듭이론에서 특수한 유형의 매듭이 가진 어떤 특성을 기술하는 다항식이다.

코흐 눈송이 가장 먼저 연구된 프랙털 중 하나다. 정삼각형을 출발점으로 삼고 각 변을 변형하는 작업을 무한히 반복하여 만든다. 변형 방법은 변을 삼등분한 뒤 가운데 부분을 떼어내고 V자 형태의 꺾인 선을 마치 뿔처럼 붙이는 것이다. 이 변형을 무한히 반복하면 눈송이를 닮은 프랙털이 만들어진다.

클라인 병 경계가 없이 닫혀 있는 곡면인데 그것으로 둘러싸인 내부와 그렇지 않은 외부가 구분되지 않는 그런 곡면. 3차원 공간에서 가시화하면 클라인 병은 자기 자신을 관통할 수밖에 없다. 1882년에 이 곡면을 처음으로 서술한 독일 수학자 펠릭스 클라인의 이름을 따서 명명되었다.

프랙털 차원 프랙털 집합의 차원은 두 자연수 사이의 수일 수도 있다. 프랙털 차원이 얼마인지 알면, 프랙털의 자기닮음이 얼마나 강한지 알 수 있다.

플라톤입체

PLATONIC SOLIDS

30초 저자
리처드 브라운

다양한 정다각형들을 이어 붙여 입체를 만들기는 그리 어렵지 않다. 전통적인 축구공을 생각해 보라. 정육각형과 정오각형이 적당히 어우러져 둥그스름한 표면을 이룬다. 그러나 단 한 종류의 다각형만 가지고 입체를 만들기는 무척 어렵다. 성공하는 방법이 정확히 다섯 가지밖에 없는데, 그 결과는 정사각형으로 된 면 6개를 가진 정육면체, 정삼각형으로 된 면을 각각 4개, 8개, 20개 가진 정사면체, 정팔면체, 정이십면체, 정오각형으로 된 면을 12개 가진 정십이면체다. 고대 그리스인은 이 다섯 가지 입체를 열심히 연구했다. 플라톤은 대화편『티마이오스』에서 이 입체들을 언급했고, (같은 시대에 활동한) 테아이테토스는 그런 정다면체가 다섯 가지뿐임을 최초로 증명했다고 여겨진다. 어떻게 증명했을까? 정다면체의 꼭짓점에서는 3개 이상의 정다각형이 만나야 하는데, 꼭짓점으로 모여든 정다각형 귀퉁이들의 내각의 합이 360도보다 작아야 한다(360도보다 크면 귀퉁이들이 겹칠 수밖에 없을 테고 정확히 360도면 한 평면 위에 놓일 터이므로 입체의 일부를 이룰 수 없을 것이다). 이것은 아주 강한 제한 조건이다. 변이 6개 이상인 정다각형의 내각은 120도 이상이다. 따라서 이런 정다각형으로 정다면체를 만드는 것은 불가능하다. 따라서 정삼각형이나 정사각형이나 정오각형으로 정다면체를 만들어야 하는데, 이것 역시 쉽지 않아서 정확히 다섯 가지 방법만 가능하다.

관련 주제
시라쿠사의 아르키메데스
125쪽

3초 인물 소개
피타고라스
기원전 약 570~490
플라톤
기원전 약 29~347
아르키메데스
기원전 약 287~212

3초 요약
플라톤입체란 모든 면이 2차원 정다각형인 3차원 입체다.

3분 보충
『티마이오스』에서 플라톤은 정다면체들과 당대에 거론된 자연의 원소들을 짝지었다. 정육면체는 흙, 정사면체는 불, 정팔면체는 공기, 정이십면체는 물, 정십이면체는 우주의 재료인 에테르와 맺어졌다. 오늘날 정다면체들은 게임에 쓰인다. 우리가 무작위로 숫자를 정하기 위해 던지는 주사위는 모양이 정다면체일 때 가장 완벽하게 제구실을 한다.

플라톤입체 다섯 개.
왼쪽 위부터 시계방향으로,
정육면체, 정사면체, 정십이면체, 정이십면체, 정팔면체.

위상수학

TOPOLOGY

위상수학에서 정육면체, 피라미드, 공은 모두 똑같다. 왜냐하면 위상수학자는 모양을 볼 때 세밀한 기하학적 속성(길이, 면적, 각, 굴곡 등)은 무시하기 때문이다. 대신에 위상수학은 모양의 전체적인 특징과 모양을 변형해도 변하지 않는 정보에 초점을 맞춘다. 이때 변형이란 잡아 늘이거나 찌그러트리거나 비트는 것을 말한다. 자르거나 이어붙이는 것은 허용되지 않는다. 이런 변형에도 불구하고 보존되는 정보는 어떤 것들일까? 모양이 가진 구멍의 개수와 유형은 전형적인 위상수학적 정보다. 예컨대 영어 소문자 i는 틈 하나를 사이에 두고 분리된 두 부분으로 이루어졌다. 위상수학은 i의 변형을 폭넓게 허용한다. 그러나 틈을 없애는 것만큼은 허용하지 않는다. 따라서 위상수학의 관점에서 i는 j와 같고 숫자 11과도 같지만 L이나 3과는 다르다. 마찬가지로 철자 O가 가진 구멍을 없애는 변형도 허용되지 않는다. 따라서 위상수학적으로 O는 A, 9와 같지만 구멍을 두 개 가진 8과는 다르다. 런던 지하철 노선도는 위상수학이 실생활에 활용된 사례다. 이 지도는 도시의 정확한 모양은 무시하고 역들의 순서와 노선들이 교차하는 지점과 같은 꼭 필요한 위상수학적 정보만을 선명하게 보여준다.

관련 주제

뫼비우스 띠
123쪽
매듭이론
133쪽
푸앵카레의 추측
149쪽

3초 인물 소개

레온하르트 오일러
1707~1783
쥘 앙리 푸앵카레
1854~1912
펠릭스 하우스도르프
1868~1942
모리스 르네 프레셰
1878~1973
라위천 엑베르투스 얀 브라우버르
1881~1966

30초 저자
리처드 엘워스

3초 요약
'고무판 기하학'으로도 불리는 위상수학은 기하학과 마찬가지로 모양을 연구한다. 그러나 한 모양을 적당히 변형하여 다른 모양으로 만들 수 있을 경우, 기하학자와 달리 위상수학자는 그 두 모양을 같다고 본다.

3분 보충
도형이 가진 중요한 위상수학적 속성의 하나로 '오일러 표수'라는 것이 있다. 오일러 표수는 점들을 찍고 선으로 연결하여 그린 그림(전문 용어로 그래프)과 관련이 있다. 구면에서는 점(꼭짓점)을 2개 찍고 선분(변) 2개로 연결하여 면 2개를 만들 수 있다. 일반적으로 꼭짓점의 개수가 V, 변의 개수가 E, 면의 개수가 F라면, 임의의 위상수학적 구면에서 V−E+F=2가 성립한다(정육면체에서 V=8, E=12, F=6이다). 반면에 토러스의 오일러 표수는 0이다. 즉 토러스에서는 V−E+F=0이 성립한다.

공과 정육면체는 어떻게 다를까? 위상수학자가 보기에는 전혀 다르지 않다.

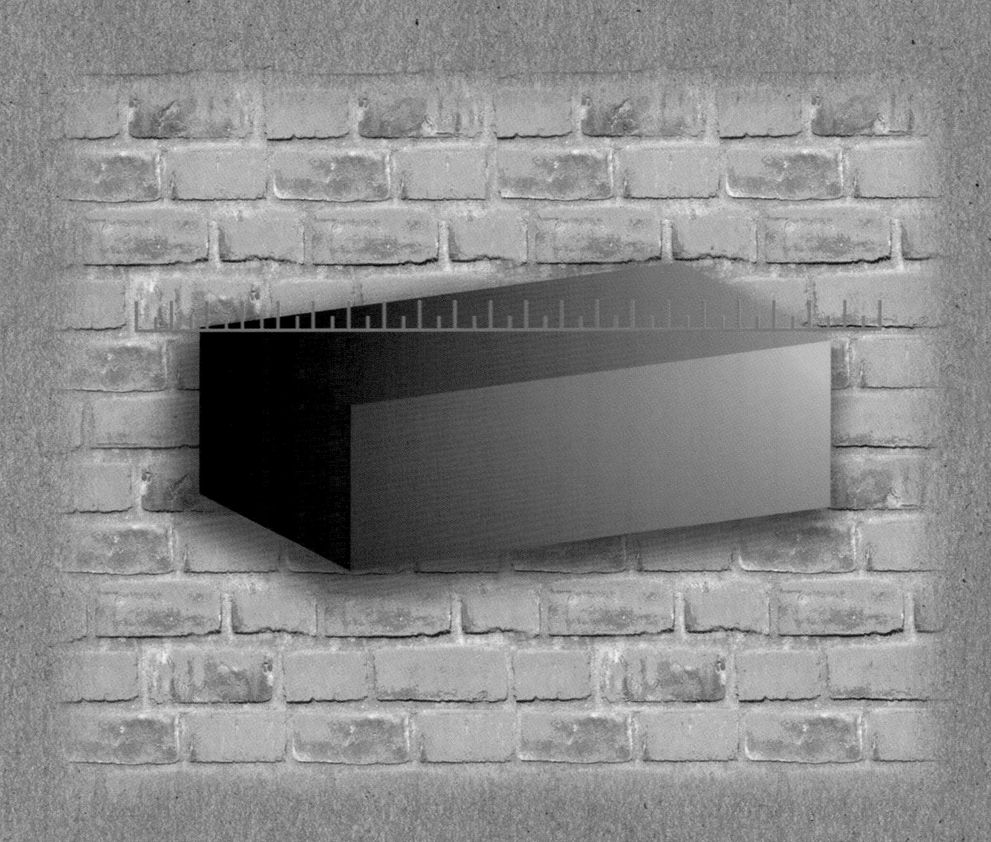

오일러 벽돌

EULER BRICKS

30초 저자
리처드 엘워스

가로 변과 세로 변이 모두 정수인 직사각형을 그리기는 쉽다. 그러나 대각선까지 정수인 직사각형을 그리기는 더 어렵다. 가로 1센티미터 세로 1센티미터인 정사각형을 생각해보자. 이 정사각형의 대각선은 피타고라스정리에 따라서 약 1.41센티미터, 정확히 $\sqrt{2}$센티미터다. 다른 정사각형에서도 변들이 정수라면, 대각선은 정수일 수 없다. 하지만 일부 직사각형에서는 변들과 대각선이 모두 정수일 수 있다. 가로 3센티미터, 세로 4센티미터인 직사각형의 대각선은 정확히 5센티미터다. 또 다른 예로 가로 5센티미터, 세로 12센티미터, 대각선 13센티미터인 직사각형도 있다. 오일러는 모든 변과 각 면의 대각선(면대각선)이 정수인 벽돌(직육면체)을 구상했다. 그의 이름을 따서 명명된 이른바 오일러 벽돌의 최초 사례는 일찍이 1719년에 파울 할케가 발견했다. 그 직육면체는 높이 44, 밑면의 가로 117, 세로 240이고, 면들의 대각선은 125, 244, 267이다. 그 후 다른 사례들도 발견되었다. 더 어려운 과제는 체대각선(body diagonal. 직육면체의 한 꼭지점에서 내부를 관통하여 반대쪽 꼭지점까지 이어진 대각선)까지 정수로 만드는 것이다. 그런 벽돌은 완벽한 벽돌이라고 할 만하다. 안타깝게도 완벽한 벽돌(더 일반적인 용어로는 '완벽한 직육면체')을 발견한 사람은 아직 없다. 심지어 그런 벽돌이 존재하는지 여부조차 밝혀지지 않았다.

관련 주제
수론
33쪽
피타고라스
103쪽
삼각함수
105쪽

3초 인물 소개
파울 할케
1731년 사망
레온하르트 오일러
1707~1783
클리포드 라이터
1957~

3초 요약
직육면체(벽돌)는 직사각형으로 된 면 6개로 이루어진 입체다. 스위스 수학자 레온하르트 오일러는 모든 변과 대각선이 정수인 특별한 벽돌에 관심을 기울였다.

3분 보충
완벽한 직육면체가 존재하는지 여부는 불확실하지만, '작은' 규모의 완벽한 직육면체가 존재하지 않는다는 점은 확실하다. 수학자들은 만일 완벽한 직육면체가 존재한다면 변들의 길이가 1조보다 더 커야 함을 컴퓨터를 이용하여 증명했다. 지금까지 발견된 입체 중에서 완벽한 직육면체와 가장 유사한 것은 완벽한 평행육면체다. 이 평행육면체는 직사각형 면 두 개와 평행사변형 면 4개로 이루어졌으며 모든 변과 면대각선과 체대각선이 정수다.

벽돌이 어떤 모양인지 모르는 사람은 없다. 그러나 당신은 완벽한 벽돌을 본 적이 있는가? 수학자들은 아직 발견하지 못했다.

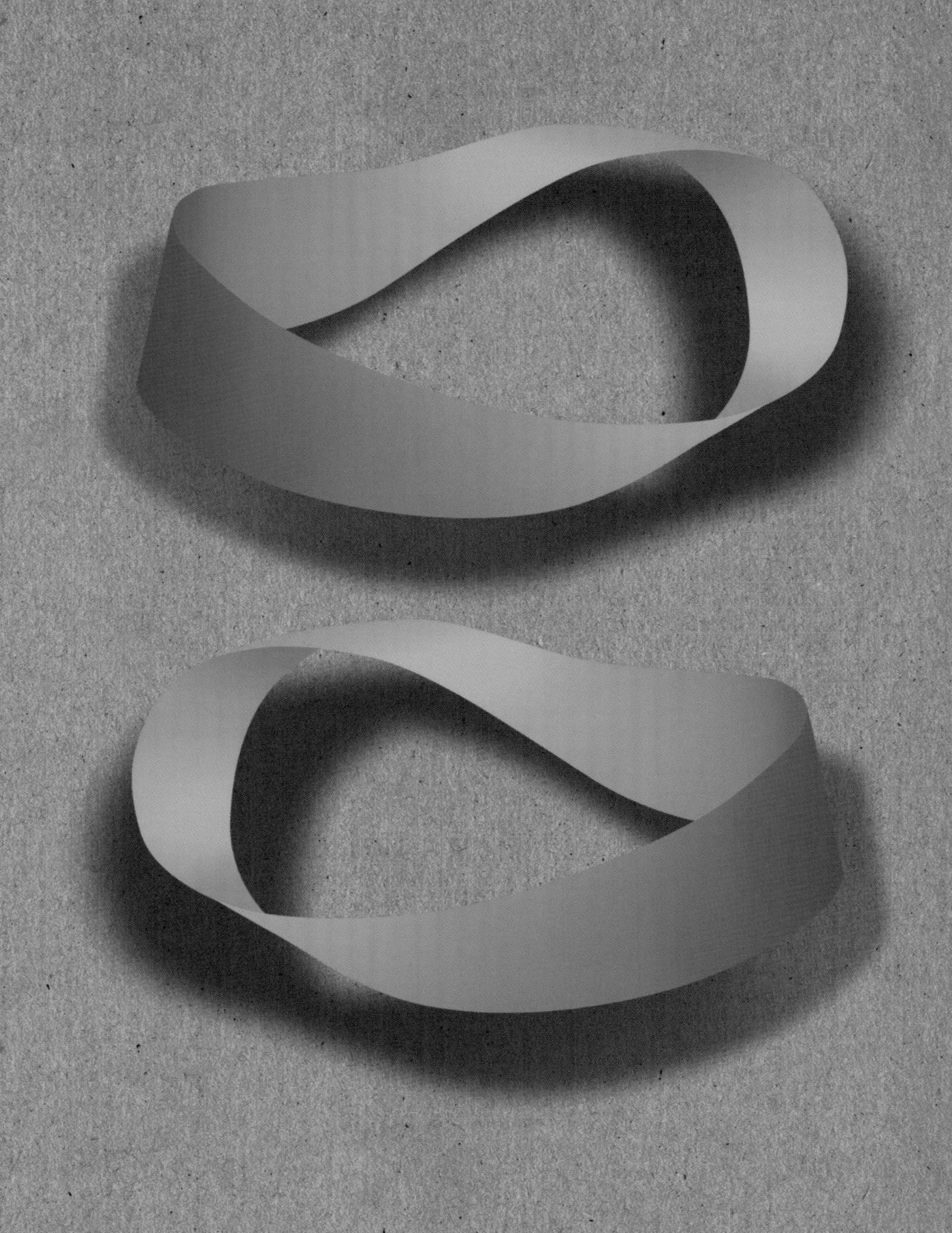

뫼비우스 띠

THE MÖBIUS STRIP

30초 저자
리처드 엘워스

길쭉한 직사각형 모양의 종이 띠를 준비하라. 띠의 한쪽 끝을 반대쪽 끝에 붙이면 고리가 만들어진다. 그런데 종이 띠를 먼저 반 바퀴 꼰 다음에 양끝을 붙이면, 훨씬 더 흥미로운 뫼비우스 띠가 만들어진다. 이 단순한 종이 띠가 왜 흥미로운가 하면, 이 띠가 면과 변을 단 하나씩만 가졌기 때문이다. 당신이 띠 위의 한 지점을 아무렇게나 선택해서 띠의 중심을 따라 선을 그어 가면, 그 선은 띠의 '안쪽 면'과 '바깥쪽 면'을 두루 거친 다음에 비로소 자기 자신과 만날 것이다. 왜냐하면 안쪽 면과 바깥쪽 면이 실은 동일하기 때문이다. 그 중심선을 따라 가위질을 하면 어떤 결과가 나올지 궁금하지 않은가. 흥미롭게도 그 결과는 새로운 고리 두 개가 아니라 하나다. 직접 해보라. 아우구스트 뫼비우스가 1858년에 발견한 뫼비우스 띠는 어른 아이 할 것 없이 많은 이들을 매혹해왔다. 그러나 수학자들에게는 뫼비우스 띠를 기초로 삼아서 만들 수 있는 다른 모양들이 더 중요하다. 두 뫼비우스 띠를 각각의 변을 맞대어 붙이면, 면이 하나뿐인 곡면인 클라인 병이 만들어진다(물론 3차원 공간에서 클라인 병을 자기 관통 없이 구현하는 것은 불가능하다).

관련 주제

위상수학
119쪽
매듭이론
133쪽
푸앵카레의 추측
149쪽

3초 인물 소개

레온하르트 오일러
1707~1783

아우구스트 페르디난트 뫼비우스
1790~1868

요한 베네딕트 리스팅
1802~1882

펠릭스 클라인
1849~1925

3초 요약
아우구스트 뫼비우스가 발견한, 면이 하나뿐인 종이 고리는 우리를 신기한 모양들의 세계로 이끈다.

3분 보충
구면과 관을 준비하라. 구면에 구멍 두 개를 낸 다음에, 그 구멍들의 가장자리와 관의 양끝을 꿰매 붙여라. 이 수술의 결과는 원환면(도넛처럼 생긴 물체의 표면)이다. 구면을 하나 더 준비해서 이번에는 구멍을 하나 뚫어라. 그리고 그 구멍의 가장자리에 뫼비우스 띠의 변을 꿰매 붙여라(아쉽게도 이 수술은 3차원 공간에서는 실행 불가능하다). 위상수학에서 밝혀진 근본적인 사실 하나는 이런 식으로 구면에 구멍을 내고 관과 뫼비우스 띠를 꿰매 붙이는 수술을 반복함으로써 모든 곡면을 만들 수 있다는 것이다.

띠를 반 바퀴 꼰 다음에 양끝을 붙여서 만드는 뫼비우스 띠는 150여 년 전부터 많은 이들의 경탄을 자아내왔다.

기원전 약 287년
시라쿠사에서 출생

기원전 약 270년
이집트 알렉산드리아에서 공부하다(추정)

기원전 약 212년
로마군이 시라쿠사를 포위했을 때 사망하다

기원후 약 530년
밀레토스의 이시도로스가 아르키메데스가 남긴 글을 처음으로 모아 정리하고 기록하다

기원후 6세기
아스칼론의 에우토키우스가 아르키메데스의 『구와 원기둥에 관하여』, 『포물선의 구적법』, 『평면의 균형에 관하여』(전 2권)에 대한 해설문을 쓰다

1906년
'아르키메데스 팔림프세스트'(아르키메데스의 글을 베껴 썼다가 지운 흔적이 남아 있는 양피지–옮긴이)가 콘스탄티노플에서 발견되다

2008년 10월 29일
아르키메데스 팔림프세스트에 남아 있는 아르키메데스 관련 데이터 전체가 인터넷에 무료로 공개되다

시라쿠사의 아르키메데스

대중이 상상하는 아르키메데스는 목욕을 하다가 복잡하게 생긴 물체의 부피를 (물체가 밀어낸 물의 양을 측정함으로써) 알아내는 방법을 발견하고 거리로 뛰쳐나와 알몸으로 달리며 "유레카!"라고 외치는 발명가이자 기술자다. 그럴싸한 이야기가 대체로 그렇듯이 이 전설은 거짓일 가능성이 높다. 하지만 이른바 '아르키메데스의 원리'를 아르키메데스가 발견한 것은 틀림없는 사실이다. 유체정역학의 법칙인 이 원리에 따르면, 물체가 물속에 잠기면서 밀어내는 물의 무게는 물체가 받는 부력과 같다. 아르키메데스는 고대 그리스에서 활동한 응용수학자 가운데 가장 유명하며 그의 이름을 따서 명명된 나선식 펌프를 발명하고 지레의 원리를 설명한 업적으로도 잘 알려져 있다. 또한 '아르키메데스의 발톱'(적의 배를 물 위로 들어올리는 크레인)과 '열선 발사기'(많은 거울로 햇빛을 반사시키고 집중시켜 적의 배에 불을 붙이는 무기)를 비롯한 여러 무기를 발명했다. 하지만 언급한 두 가지 무기가 효과를 발휘했는지는 의문이다.

아르키메데스의 저술은 그리스 학자들에게 알려져 있었고 기원후 6세기에 정리되고 기록되었으며 중세 수학자들에게도 잘 알려져 있었지만, 최근까지 현대 수학자들은 그의 발명들이 타당한 수학 이론에 기초를 두었음을 단지 추정할 수만 있었다. 그러나 1906년에 '아르키메데스 팔림프세스트'가 발견되어 그의 이론적 연구가 상세히 드러나면서 사정이 달라졌다. 그 양피지 문서에 남은 흔적의 해독은 1910년대에도 일부 이루어졌지만 현대적인 영상화 기술을 통해 마침내 아르키메데스의 수학적 기법에 관한 많은 정보가 드러났다. 그가 π의 값을 얼마나 정확히 계산했는지, 포물선 아래의 면적을 어떻게 구했는지, 수많은 발명을 어떻게 했는지, 원기둥에 내접하는 구의 부피와 표면적은 원기둥의 부피 및 표면적의 2/3라는 사실을 어떻게 증명하고 더없이 기뻐했는지 드러났다. 아르키메데스의 묘비(지금은 망실되었다)에는 원기둥에 내접하는 구가 새겨졌다. 아르키메데스는 로마군이 시라쿠사를 포위했을 때 지나치게 열성적인 어느 병사의 손에 살해되었다. 그의 무덤은 오랫동안 잊혔다가 기원전 75년에 연설가 키케로가 발견하여 단장했다.

프랙털

FRACTALS

30초 저자
로버트 파다우어

19세기 후반과 20세기 초반에 수학자들은 당대의 수학으로는 이해하기 어려웠던 개념들을 다양하게 고안했다. 칸토어 집합은 선분을 출발점으로 삼아서 구성한다. 우선 선분을 삼등분하여 가운데 부분을 제거한다. 이어서 나머지 두 부분도 각각 삼등분하여 가운데 토막을 제거한다. 그 다음에는 남은 네 토막에 대해서 똑같은 조작을 반복한다. 이런 일을 계속 되풀이하면 칸토어 집합이 만들어진다. 이렇게 한 단계, 혹은 일련의 단계들을 계속 되풀이하는 것을 반복(iteration)이라고 하는데, 반복은 프랙털의 핵심 요소다. 일찌감치 고안된 프랙털의 예로 코흐 곡선과 페아노 곡선, 시에르핀스키 삼각형 등이 있다. 시에르핀스키 삼각형은 파스칼의 삼각형과 관련이 있다. 코흐 눈송이와 관련이 있는 코흐 곡선은 선분을 길이가 선분의 1/3인 토막 4개로 만든 꺾인 선으로 대체하는 조작을 계속 반복하여 만든다. 따라서 매번 조작을 거칠 때마다 선의 길이는 증가한다. 이런 모양은 프랙털 차원을 가진다. 예컨대 코흐 곡선은 직선의 차원인 1과 평면의 차원인 2 사이의 수를 차원으로 가진다. $f(x)=x^2+c$(x와 c는 복소수)와 같은 단순한 함수를 반복 적용하면서 함수 값들을 복소평면에 나타내면, 쥘리아 집합(Julia set)이라는 아름답고 복잡한 모양이 만들어진다. 베누아 만델브로트는 쥘리아 집합들, 그리고 이들과 관련이 있는 만델브로트 집합을 컴퓨터를 이용하여 가시화했으며 프랙털에 대한 연구를 기하학의 독자적인 한 분야로 발전시켰다.

3초 요약
프랙털이란 여러 규모에서 유사한 구조를 나타내는 추상적 혹은 물리적 대상이다.

3분 보충
단순한 조작의 반복은 복잡한 대상을 만드는 방법으로 매우 효과적이며 프랙털 제작의 핵심이다. 자연에 있는 많은 대상은 한정된 배율 범위에서 프랙털의 특징을 나타낸다. 예컨대 나무, 강, 인체의 순환계 같은 분기 구조들이 그러하다. 영국의 해안선도 프랙털 곡선의 한 예다. 프랙털 구조는 브로콜리, 산, 구름에서도 발견된다.

관련 주제
허수
21쪽
무한
41쪽
함수
49쪽
그래프
111쪽

3초 인물 소개
게오르크 칸토어
1845~1918
헬게 폰 코흐
1870~1924
바츨라프 시에르핀스키
1882~1969
가스통 쥘리아
1893~1978
베누아 만델브로트
1924~2010

고전적인 프랙털인 코흐 곡선을 만드는 반복 과정의 처음 네 단계.

오리가미 기하학

ORIGAMI GEOMETRY

30초 저자
로버트 파다우어

수백 년의 전통을 지닌 일본의 종이접기 예술 '오리가미(origami)'는 기하학과 깊은 관련이 있다. 지난 몇 십 년 동안 오리가미의 수학에 대한 연구에서 많은 성과가 나왔다. 후지타, 저스틴, 하토리는 기하학의 공리들을 제시하는 것과 유사한 방식으로 오리가미의 공리 집합을 제시했다. 뿐만 아니라 최근에는 오리가미에 관한 이론적 질문에 답하는 수학적 정리들도 증명되었다. 랭 등은 복잡한 모양을 접는 최적의 방법을 찾아내는 데 도움이 되는 알고리즘과 이에 기초한 컴퓨터 프로그램을 개발했다. 그 프로그램들을 이용하면 원하는 모양을 접는 방법을 산접기(mountain fold) 선과 골접기(valley fold) 선을 통해 알려주는 '주름 패턴(crease pattern)'을 얻을 수 있다. 전통적으로 오리가미는 동물이나 꽃 따위를 모방하는 일에 초점을 맞춰왔지만, 일부 현대적인 오리가미 기술의 주요 목표는 기하학적 모양을 만드는 것이다. 오리가미 쪽매맞춤(origami tessellation)에서는 격자 모양의 주름 패턴에 기초하여 흔히 반복이 포함된 기하학적 형태를 만든다. 이 분야의 창시자는 후지모토 슈조라는 것이 통설이다. 모듈식 오리가미(modular origami)에서는 종이 한 장으로 된 기하학적 모듈 여러 개를 조립하여 더 복잡한 모양을 제작한다.

3초 요약
오리가미 기하학은 종이접기 예술에 대한 수학적 연구다. 오리가미 예술가는 대개 정사각형 종이를 접어서 복잡한 모양을 만든다.

3분 보충
오리가미 기하학은 실제 세계의 여러 공학적 문제에 적용되었다. 일본의 어느 인공위성에는 오리가미에 기초한 접이식 태양 전지판이 장착되었다. 에어백을 자동차에 장착할 때 사고시의 작동을 위해 가장 효과적으로 접는 방법을 개발하는 데도 오리가미 기술이 쓰였다. 좁아진 혈관을 넓힐 때 쓰는 스텐트(stent)에도 오리가미 기술이 적용되었다. 대형 우주망원경에 장착할 얇은 접이식 플라스틱 렌즈들이 설계된 일도 있다.

관련 주제
알고리즘
87쪽
유클리드의 『기하학원본』
97쪽
플라톤입체
117쪽

3초 인물 소개
후지모토 슈조
1922~
후지타 후미아키
1924~2005
로버트 랭
1961~

종이 한 장을 접어서 정사각형들의 반복 패턴을 만든 오리가미 쪽매맞춤 작품.

RUBIK'S
CUBE PUZZLE

루빅 큐브

RUBIK'S CUBE

30초 저자
로버트 파다우어

루빅큐브는 1974년에 에르뇌 루빅에 의해 발명되어 그의 조국 헝가리에서 1977년부터 시판되었다. 1980년에 아이디얼 토이 컴퍼니(Ideal Toy Company)가 전 세계에 팔기 시작한 루빅큐브는 현재까지 3억 개 넘게 판매되었다. 큐브의 면 여섯 개는 각각 독립적으로 회전할 수 있으며, 26개의 조각들이 이룰 수 있는 배열(순열)의 개수는 4300경(43×10^{18}) 개보다 많다. 원하는 결과를 산출하는(이를테면 다른 조각들은 그대로 놔두면서 귀퉁이 조각 세 개의 위치를 순환시키는) 알고리즘들을 외우면 루빅큐브를 더 쉽게 맞출 수 있다. 데이비드 싱마스터가 개발한 표기법을 사용하면 그 알고리즘들을 기록할 수 있다. 싱마스터는 가장 유명한 일반 해법들 중 하나를 개발하기도 했다. 수학자가 보면 루빅 큐브는 대수학적 군 하나를 물리적으로 구현한 것에 불과하다. 이 관점에서 그 큐브를 분석하면, 어떤 배열에서 시작하든지 20번 이하의 조작으로 큐브를 맞출 수 있음이 드러난다. 이 사실에 대한 증명은 2010년에야 이루어졌다. 2011년 중반 현재 루빅 큐브 맞추기 세계 기록 보유자는 펠릭스 젬덱스다. 기록은 채 7초가 안 된다. 루빅 큐브 빨리 맞추기의 변형으로 눈 가리고 맞추기, 한 손으로 맞추기, 심지어 발로 맞추기도 있다.

관련 주제

승산 계산하기
61쪽
알고리즘
87쪽
집합과 군
89쪽
플라톤입체
117쪽

3초 인물 소개

데이비드 싱마스터
1939~

에르뇌 루빅
1944~

3초 요약

루빅 큐브는 3×3 정육면체의 각 면이 단일한 색깔이 되도록 조각들을 배열하여 맞추는 수학적 순열 퍼즐이다.

3분 보충

원래의 3×3 루빅 큐브 외에, 2×2, 4×4, 5×5, 6×6, 7×7 큐브도 있다. 7×7 큐브에서 가능한 순열의 개수는 10^{160}개가 넘는다. 그 밖에 직육면체 버전으로 2×2×3, 3×3×2, 3×3×4 등이 있다. 다른 네 가지 플라톤입체, 즉 정사면체, 정팔면체, 정십이면체, 정이십면체에 기초한 버전들도 만들어졌다. 기타 다면체 버전으로는 마름모십이면체, 귀퉁이 자른 정사면체, 귀퉁이 자른 정팔면체, 육팔면체 퍼즐 등이 있다.

루빅 큐브를 맞추려면 면을 돌리는 조작을 연속하여 각 면을 단일한 색깔로 만들어야 한다. 조각들이 이룰 수 있는 배열의 개수는 무려 4,300경 개를 넘는다.

매듭이론

KNOT THEORY

30초 저자
리처드 엘웨스

뱃사람이나 보이스카우트 대원이라면 누구나 알듯이, 세상에는 다양한 매듭이 있다. 매듭들 사이의 차이는 끈이 자기 자신과 교차하는 회수에 기초를 둔다. 매듭이론의 핵심 과제는 겉보기에 다른 두 매듭이 실제로 다른지 판명하는 것이다. 매듭지어진 두 고리가 같다는 것은, 첫째 고리를 자르거나 이어붙이지 않고 잡아 늘이는 식으로 변형하여 둘째 고리로 만들 수 있다는 뜻이다. 가장 단순한 매듭은 영매듭(unknot), 곧 매듭 없는 고리다. 하지만 매듭 판별의 어려움은 영매듭에서부터 드러난다. 영매듭을 변형하여 엄청나게 복잡한 매듭처럼 보이게 만드는 것은 어려운 일이 아니다(마구 뒤엉켰지만 매듭은 없는 낚시줄을 생각해보라).

매듭이론은 1984년에 존스 다항식이 발견되면서 획기적으로 발전했다. 매듭 각각은 고유한 존스 다항식을 가지며, 서로 다른 존스 다항식을 가진 두 매듭은 동일할 수 없다. 존스 다항식은 특히 서로의 거울상인 두 매듭을 구별하는 데 유용하다. 과거에는 이 구별이 어려운 문제였다. 그러나 임의의 두 매듭이 동일한지 여부를 판별하는 기법은 아직 없다(서로 다른 두 매듭이 동일한 존스 다항식을 가지는 경우도 종종 있다). 심지어 주어진 매듭이 영매듭인지 여부를 판별하는 기법도 아직 개발되지 않았다.

관련 주제
위상수학
119쪽

3초 인물 소개
윌리엄 톰슨(켈빈 경)
1824~1907
제임스 워델 알렉산더
1888~1971
존 콘웨이
1937~
루이스 코프먼
1945~
본 존스
1952~

3초 요약
고리 모양의 끈을 끊어서 매듭을 지은 다음에 다시 양끝을 연결하라. 그러면 매듭지은 고리가 만들어 질 텐데, 수학에서 말하는 매듭이란 바로 그런 고리다. 매듭지은 고리 두개가 서로 같은지 여부를 어떻게 판별할 수 있을까? 이 수수께끼는 100년 넘게 과학자들을 괴롭혀왔다.

3분 보충
매듭이론은 다양한 과학 분야에서 매우 중요하다. 예컨대 인간 세포 속 DNA 사슬은 무수한 효소들에 의해 끊임없이 매듭이 지어지거나 풀린다. DNA 사슬에 매듭이 너무 많이 생기면, 대개 세포가 죽는다. 효소의 기능을 연구하는 생화학자는 효소의 작용으로 생겨나는 매듭을 수학적으로 분석해야 한다.

매듭의 형태는 다양하다.
그러나 두 매듭이 동일한지 판별하기는 매우 어렵다.

증명과 정리

증명과 정리
용어해설

공리 자명하게 참이거나 증명 없이 참으로 받아들인 명제 혹은 진술.

다양체 좁게 보면 어느 구역이나 평범한 유클리드공간처럼 보이지만 전체적으로는 유클리드공간이 아닐 수도 있는 공간(혹은 모양). 다양체의 차원은 임의의 범자연수일 수 있다. 곡선(예컨대 원)은 1차원 다양체다. 왜냐하면 곡선의 모든 부분은 1차원 직선과 유사하기 때문이다. 2차원 다양체는 곡면(예컨대 구면)이다. 어느 부분이나 2차원 평면처럼 보이기 때문이다. 초구면은 3차원 다양체다. 어느 부분이나 평범한 3차원 공간을 닮았기 때문이다(초구면 참조).

대수적 수론 대수적 수들의 속성과 상호관계를 주로 연구하는 수학 분야. 대수적 수란 계수가 정수인 다항방정식의 해인 수를 말한다.

뫼비우스 띠 연속적인 면 하나와 변 하나를 가진 곡면. 길쭉한 직사각형 모양의 종이 띠를 반 바퀴 꼬아서 양끝을 붙이면 만들어진다.

범자연수 자연수와 0을 아울러 범자연수라고 한다.

복소수 실수부와 허수부로 이루어진 수. 즉 a와 b가 임의의 실수이고 $i=\sqrt{-1}$일 때, $a+bi$는 복소수다.

소수 1과 자기 자신으로만 나누어떨어지는 양의 정수.

소수 숫자들이 일렬로 늘어서 있고 중간에 소숫점이 하나 포함된 형태로 표기된 수.

실수 수직선상의 한 위치에 해당하는 양을 표현하는 임의의 수. 실수는 모든 유리수와 무리수를 아우른다.

원환면(토러스) 기하학에서 도넛처럼 생긴 물체의 표면을 가리키는 용어.

일차방정식(선형방정식) $f(x)$가 그래프를 그리면 직선이 되는 일차함수일 때, $f(x)=0$의 형태로 된 방정식. 일차방정식의 항들은 상수이거나 상수와 변수의 곱이다.

자명하지 않은 해 예컨대 방정식 $ax+by=0$ (a와 b는 0이 아닌 상수)에서 $x=0$, $y=0$은 a와 b의 값과 상관없이 뻔히 알 수 있는 해다. 이런 해를 자명한 해라고 한다. 반면에 $x=1/a$, $y=-1/b$처럼 x의 값과 y의 값 중에 하나라도 0이 아닌 해는 자명하지 않은 해다.

자연수 양의 정수. 일부 수학자는 0도 자연수에 포함시킨다.

정리 이미 받아들여진 사실들 그리고/또는 공리들에 의해 참임을 증명할 수 있는 자명하지 않은 수학적 참 명제.

증명론 증명 자체를 독자적인 수학적 대상으로 삼아 연구하는 분야. 수리철학에서 근본적인 역할을 한다.

초구면 2차원 구면(공의 표면)의 3차원(또는 더 높은 차원) 버전. 구멍이나 경계가 없으며 컴팩트한(compact) 다양체다. 초구면은 4차원 이상의 공간에서만 가시화할 수 있다(다양체 참조).

클라인 병 경계가 없이 닫혀 있는 곡면인데 그것으로 둘러싸인 내부와 그렇지 않은 외부가 구분되지 않는 그런 곡면. 3차원 공간에서 가시화하면 클라인 병은 자기 자신을 관통할 수밖에 없다. 1882년에 이 곡면을 처음으로 서술한 독일 수학자 펠릭스 클라인의 이름을 따서 명명되었다.

피타고라스 삼중수 $a^2+b^2=c^2$을 만족시키는 양의 정수 a, b, c의 집합. 가장 작고 가장 잘 알려진 피타고라스 삼중수는 3, 4, 5다.

intervallum numerorum 2. minor autem 1 N. atque ideo maior 1 N. + 2. Oportet itaque 4 N. + 4. triplos esse ad 2. & adhuc superaddere 10. Ter igitur 2. adscitis vnitatibus 10. æquatur 4 N. + 4. & fit 1 N. 3. Erit ergo minor 3. maior 5. & satisfaciunt quæstioni.

[illegible]

IN QVAESTIONEM VII.

CONDITIONIS appositæ eadem ratio est quæ & appositæ præcedenti quæstioni, nil enim aliud requirit quàm vt quadratus intervalli numerorum sit minor intervallo quadratorum, & Canones iidem hic etiam locum habebunt, vt manifestum est.

QVÆSTIO VIII.

PROPOSITVM quadratum diuidere in duos quadratos. Imperatum sit vt 16. diuidatur in duos quadratos. Ponatur primus 1 Q. Oportet igitur 16 − 1 Q. æquales esse quadrato. Fingo quadratum à numeris quotquot libuerit, cum defectu tot vnitatum quod continet latus ipsius 16. esto à 2 N. − 4. ipse igitur quadratus erit 4 Q. + 16. − 16 N. hæc æquabuntur vnitatibus 16 − 1 Q. Communis adiiciatur vtrimque defectus, & à similibus auferantur similia, fient 5 Q. æquales 16 N. & fit 1 N. $\frac{16}{5}$ Erit igitur alter quadratorum $\frac{256}{25}$ alter verò $\frac{144}{25}$ & vtriusque [illegible]

[illegible]

OBSERVATIO DOMINI PETRI DE FERMAT.

CVbum autem in duos cubos, aut quadratoquadratum in duos quadratoquadratos & generaliter nullam in infinitum vltra quadratum potestatem in duos eiusdem nominis fas est diuidere cuius rei demonstrationem mirabilem sane detexi. Hanc marginis exiguitas non caperet.

QVÆSTIO IX.

RVRSVS oporteat quadratum [illegible] diuidere in duos quadratos. Ponatur rursus primi latus 1 N. alterius verò quotcunque numerorum cum defectu tot vnitatum, quot constat latus diuidendi. Esto itaque 2 N. − 4. erunt quadrati, hic quidem 1 Q. ille verò 4 Q. + 16. − 16 N. Cæterum volo vtrumque simul æquari vnitatibus 16. Igitur 5 Q. + 16. − 16 N. æquatur vnitatibus 16. & fit 1 N. $\frac{8}{5}$ erit

[illegible]

H iij

Cubum autem in duos cubos, aut quadrato-quadratum in duos quadrato-quadratos, et generaliter nullam in infinitum ultra quadratum potestatem in duos eiusdem nominis fas est dividere cuius rei demonstrationem mirabilem sane detexi. Hanc marginis exiguitas non caperet.

페르마의 마지막 정리

FERMAT'S LAST THEOREM

30초 저자

데이비드 페리

17세기에 프랑스 법률가 겸 아마추어 수학자 피에르 드 페르마는 디오판토스의 『산술』 한 권을 구해 읽다가 피타고라스 삼중수(3, 4, 5처럼 방정식 $a^2+b^2=c^2$을 만족시키는 세 정수 a, b, c)를 다루는 부분에 이르렀다. 유클리드의 『기하학원본』에는 피타고라스 삼중수를 찾아내는 공식이 나온다. 페르마는 만일 방정식의 지수가 $a^2+b^2=c^2$에서처럼 2가 아니라 3, 4, 5 등이라면, 이런 방정식들을 만족시키는 삼중수는 존재하지 않는다는 직관에 도달했다. 그는 자신이 이 직관을 놀라운 방식으로 증명했는데 여백이 좁아서 써놓지 못한다는 메모를 읽던 책의 귀퉁이에 적었다. 그 후 무수한 수학자가 그 증명을 발견하기 위해 엄청난 시간을 투자했지만, 지수 n이 몇몇 특정한 양의 정수일 때만 방정식 $a^n+b^n=c^n$의 정수해가 존재하지 않는다는 것을 증명하는 데 그쳤다. 페르마 본인도 나중에 $n=4$인 경우에 대한 증명을 제시했다. 임의의 양의 정수 n에 대한 일반적인 증명의 시도는 19세기 초에 소피 제르맹에 의해 처음으로 수준 높게 이루어졌다. 페르마의 마지막 정리는 1994년까지 증명되지 않은 추측으로 머물러 있다가 마침내 영국 수학자 앤드류 와일스에 의해 최종적으로 증명되었다.

관련 주제

수론
33쪽
유클리드의 『기하학원본』
97쪽

3초 인물 소개

피에르 드 페르마
1601~1665

소피 제르맹
1776~1831

카를 프리드리히 가우스
1777~1855

앤드류 와일스
1953~

3초 요약

만일 n이 2보다 큰 정수라면, 방정식 $x^n+y^n=z^n$은 (자명하지 않은) 정수해를 가지지 않는다. 이 간단한 명제가 참임을 증명하는 데 300년 넘는 세월이 걸렸다.

3분 보충

페르마의 추측을 증명해서 얻을 수 있는 실용적인 이득은 딱히 없었다. 그럼에도 그 증명의 어려움은 여러 세대의 수학자들의 상상력에 불을 지폈다. '대수적 수론'이라는 수학 분야 전체가 이 문제 하나 때문에 생겨났다고 해도 과언이 아니다. 그리고 이 분야에서 매우 중요한 실용적 성과들이 나왔다. 와일스는 거인들의 어깨 위에 서서 증명에 도달했다. 페르마의 마지막 정리를 증명했다는 그의 발표는 《뉴욕타임스》의 일면에 실렸다.

페르마가 책의 여백에 적은 메모는 그의 사후에 발견되었다. 페르마의 마지막 정리의 증명에 관한 와일스의 첫 논문은 분량이 108쪽에 달하며 여백은 비어 있다.

1601년 8월 17일
프랑스 타른에가론
보몽드로마뉴에서 출생

1620년대
보르도에서 공부하다

1631년
오를레앙대학에서 민법
전공으로 학위를 받다

1636년
파리왕립도서관 사서로
임명되다

1636년
데카르트의 『기하학』(1637)보다
먼저 해석기하학을 다룬
페르마가 원고가
수학자들 사이에서 유통되다

1654년
파스칼과 편지를 주고받으며
확률론을 연구하다

1656년
호이겐스와 편지를 주고받다

1659년
〈수의 과학에서 이룬
발견들에 대한 설명〉을 담은
유명한 편지를 호이겐스와
카르카비에게 보내다.
이 편지에 페르마의 마지막
정리에 관한 내용이 들어 있다

1665년 1월 12일
카스트르에서 사망

1670년
페르마가 소장했던
디오판토스의 『산술』에
적힌 그의 메모를 그의 아들
사무엘이 출판하다

1679년
해석기하학을 다룬 페르마의
원고가 『평면 및 입체 궤적들에
관한 개론』이라는 제목으로
페르마의 수학 관련 저술을
모은 책 『다양한 수학 작품』에
실려 출판되다

1994년
앤드류 와일스가 페르마의 마지막
정리를 증명하다

피에르 드 페르마

그의 이름을 따서 명명된 정리가 수백 년 동안 증명되지 않았던 덕에 페르마는 일반인에게 가장 잘 알려진 수학자들 중 한 명이 되었다. 기하학, 확률론, 물리학, 미적분학에서 독창적이고 중요한 업적을 남겼고 오늘날에는 현대 수론의 창시자로 추앙받지만, 페르마는 평생 아마추어 수학자의 지위를 고수했다. 자신의 생각과 발견을 모두 편지와 원고의 형태로 알렸으며 출판을 꺼렸다. 어쩌면 단편적인 메모들을 모아 출판할 만한 글로 다듬는 수고가 귀찮았기 때문일지도 모른다. 그에게 큰 영향을 미친 프랑수아 비에테(1540~1603)와 마찬가지로 페르마는 법률가였으며 툴루즈 의회의 자문위원이었다. 학계의 바깥에 머물렀기 때문에 그는 엄밀한 증명을 제시하거나 동료 수학자들의 비판을 감수할 필요가 없었다. 실제로 일부 수학자는 그가 증명을 내놓지 않는 것은 증명이 존재하지 않기 때문이며 그는 너무 어려운 문제들을 가지고 집요하게 수학자들을 도발한다고 투덜거렸다. 페르마는 일부 문제들은 해가 없음을 증명함으로써 응수했다.

페르마는 보그랑(Jean de Beaugrand), 카르카비(Pierre de Carcavi) 같은 당대의 유력자들로부터 높은 평가를 받았고 한동안 파리에서 살며 일할 때는 메르센 신부와도 교류했다. 뉴턴은 만약에 곡선과 접선에 관한 페르마의 선구적인 연구와 '근사적으로 같음(adequality)'이라는 그의 개념이 없었다면 자신은 미분학에 도달하지 못했을 것이라고 공개적으로 인정했다. 잘 알려져 있듯이 페르마는 파스칼과 편지를 주고받으면서 도박에 관한 문제를 놓고 논쟁했고 그 와중에 확률론의 기초를 마련했다. 또한 페르마는 (수학자들을 통틀어 확실히 최고의 싸움꾼인) 데카르트와도 기하학 이론을 놓고 대결했으며 데카르트의 이론이 출판되기 1년 전에 자신의 이론을 내놓음으로써 간발의 차이로 이 위대한 철학자를 앞질렀다. 틀림없는 페르마의 승리였으나, 기득권층에 속한 데카르트는 자신의 권위와 인맥을 이용하여 페르마의 이름에 먹칠을 하고 평판을 깎아내렸다. 마지막까지 논란을 일으켰으며 천재적인 동시에 수수께끼 같았던 페르마는 또 하나의 난해한 수수께끼를 세상에 남겼다. 그는 소장했던 어느 책의 여백에 별 것 아니라는 듯이 그의 마지막 정리를 적어놓았다. 그 정리는 그의 사후 300년 넘게 증명되기를 거부하며 숱한 수학자들의 애를 태웠다.

지도 색칠하기 문제

THE FOUR COLOUR MAPPING PROBLEM

30초 저자
제이미 폼머스타인

세계 지도를 그려놓고 더 멋지게 꾸미기 위해 나라 별로 색을 칠한다고 해보자. 나라들이 잘 구별되도록 하기 위해, 국경을 맞댄 두 나라는 같은 색으로 칠하지 않기로 하자. 예컨대 프랑스, 벨기에, 독일, 룩셈부르크는 각각 다른 색으로 칠해야 한다. 왜냐하면 이 네 나라 각각은 나머지 세 나라와 국경을 맞대고 있기 때문이다. 따라서 최소한 네 가지 색이 필요하다. 그렇다면 어딘가 다른 곳을 칠할 때는 다섯 가지 색이 필요할 수도 있을까? 4색 정리에 따르면, 네 가지 색이면 충분하다. 지도가 아무리 크고 복잡하더라도, 각 나라의 영토가 한 덩어리이기만 하다면, 인접한 나라들이 구별되도록 지도를 색칠하는 데 네 가지 색으로 충분하다. 4색 정리는 얼핏 간단해 보이는데도 증명하기가 아주 어렵다. 이 정리는 처음 제기된 후 100년이 지난 1976년에야 미국 수학자 케네스 아펠과 볼프강 하켄에 의해 증명되었다. 평면이나 구면에 그린 지도를 색칠할 때는 네 가지 색으로 충분하지만, 다른 유형의 곡면에 그린 지도에서는 사정이 다르다. 원환면에 그린 지도를 색칠할 때는 무려 일곱 가지 색이 필요하고, 뫼비우스 띠에 그린 지도에는 여섯 가지 색이 필요하다.

관련 주제
위상수학
119쪽

3초 인물 소개
볼프강 하켄
1928~
케네스 아펠
1932~

3초 요약
인접한 두 나라가 다른 색을 띠도록 지도를 색칠하는 데 필요한 색은 단 네 가지다. 왜 그럴까?

3분 보충
4색 정리는 컴퓨터의 도움으로 증명된 최초의 주요 정리다. 아펠과 하켄은 모든 가능한 지도에 관한 문제를 특수한 지도 수천 개에 관한 문제로 환원하는 수학적 논증을 발견했다. 그리고 그 특수한 지도 수천 개를 컴퓨터로 검토함으로써 최종 증명에 도달했다. 이렇게 컴퓨터를 이용하는 새로운 증명 기법은 뜨거운 논쟁을 일으켰다. 컴퓨터의 도움으로 얻은 증명을 정당한 수학적 증명으로 인정해야 하느냐는 물음은 지금도 여전히 논쟁거리다.

인접한 두 나라가 다른 색을 띠도록 지도를 색칠하는 데 필요한 색의 개수는 단 네 가지다. 이 사실이 증명되기까지 100년이 걸렸다.

힐베르트 프로그램

HILBERT'S PROGRAM

30초 저자
리처드 엘워스

관련 주제
알고리즘
87쪽
괴델의 불완전성 정리
147쪽

3초 인물 소개
다비트 힐베르트
1862~1943
빌헬름 아커만
1896~1962
존 폰 노이만
1903~1957
쿠르트 괴델
1906~1978
앨런 튜링
1912~1954

20세기 초에 수학은 '토대에 관한 위기(foundational crisis)'에 직면해 있었다. 수학자들은 점점 더 복잡한 문제들을 풀고 있었지만, 몇몇 기초적인 질문은 미해결로 남아 있었다. 수는 어디에서 유래할까? 수가 따르는 근본 법칙들은 무엇일까? 수에 관한 몇몇 질문은 왜 그토록 이례적으로 어려울까? 다비트 힐베르트는 이런 질문들에 답하기 위해 과감한 아이디어를 내놓았다. 그는 수학을 그 뼈대로 환원하여 한갓 게임으로 취급하고자 했다. 체스가 다양한 말을 가지고 하는 게임인 것처럼, 수학도 0, 1, +, ×, = 등의 기호를 가지고 하는 게임이라고 힐베르트는 주장했다. 그렇게 수학을 기호 게임으로 환원하고 기호의 '의미'에 연연하지 않음으로써 그는 수학의 근본 규칙들을 발견하려 했다. 성공한다면 궁극의 승리 전략을 얻게 되리라고 기대했다. 즉 수에 관한 임의의 명제가 참인지 여부를 판정하는 단일한 방법에 도달하기를 바랐다. 안타깝게도 이 같은 힐베르트 프로그램은 결국 실패로 돌아갔다. 쿠르트 괴델의 불완전성 정리는, 수학의 근본 규칙들을 빠짐없이 밝혀내는 것은 영원히 불가능함을 보여주었다. 더 나중에 앨런 튜링은 임의의 수학 명제의 진위를 판정할 수 있는 단일한 절차는 결코 존재할 수 없음을 알고리즘 연구를 통해 보여주었다.

3초 요약
다비트 힐베르트는 산술의 바탕에 깔린 논리학을 이용하여 수학에 관한 궁극의 이론에 도달하려 했다. 안타깝게도 그의 계획은 실패로 돌아갔다.

3분 보충
비록 힐베르트 프로그램은 높은 기대에 부응하지 못했지만, 힐베르트의 연구는 수학에 영속적인 영향을 미쳤다. 산술 시스템을 게임으로 취급하는 그의 '형식주의적' 접근법은 수리논리학에대한 새로운 관심을 유발했다. 단일한 컴퓨터 프로그램이나 알고리즘으로 모든 수학 문제를 푸는 것은 불가능하지만, 여러 유형의 특수한 문제들은 그런 식으로 풀 수 있다. 오늘날의 수학자들은 힐베르트 프로그램에서 긍정적인 성과를 끌어내는 작업을 계속 이어가고 있다.

***체스와 마찬가지로 수학도 단지 게임이다.
그런데 이 게임의 규칙들은 무엇일까?***

괴델의 불완전성 정리

GÖDEL'S INCOMPLETENESS THEOREM

30초 저자
리처드 엘워스

수학의 중심은 산술이다. 즉 범자연수 0, 1, 2, 3…과 이들을 결합하는 잘 알려진 방식들인 덧셈, 뺄셈, 곱셈, 나눗셈으로 이루어진 시스템이다. 수학자들은 수천 년 전부터 이 시스템을 연구해왔다. 19세기 말에 수학자들의 관심은 산술의 근본 법칙들을 향했다. 그들은 산술의 기본 규칙들을 빠짐없이 명시해놓고 거기에서 모든 정리들을 논리적으로 도출하고자 했다. 여러 저자가 그 규칙들을 다루는 책을 썼는데, 특히 주목할 만한 것으로 버트런드 러셀과 알프레드 노스 화이트헤드가 함께 쓴 3권짜리 『수학원리』가 있다. 이 작품의 의도는 근본 전제들의 목록에 기초하여 수학 전체를 구성하는 것이었다. 그러나 1931년에 쿠르트 괴델은 그런 노력들이 모조리 실패할 수밖에 없음을 증명했다. 산술의 규칙들을 빠짐없이 등재한 목록을 만들기가 불가능하다는 정리를 증명한 것이다. 그런 목록은 자동적으로 '불완전하다.' 즉 그런 목록으로부터 도출할 수 없지만 참인, 범자연수에 관한 명제가 반드시 존재하기 마련이다. 물론 이 명제를 새로운 규칙으로 포함시켜 목록을 확장할 수도 있을 것이다. 그러나 그렇게 하더라도 목록의 불완전성은 여전히 남는다. 괴델의 정리에 따르면, 목록을 아무리 확장하더라도 거기에서 도출할 수 없으면서 참인 명제가 항상 존재한다.

관련 주제

무한
41쪽
알고리즘
87쪽
힐베르트 프로그램
145쪽

3초 인물 소개
알프레드 타르스키
1902~1983
존 폰 노이만
1903~1957
쿠르트 괴델
1906~1978
존 바클리 로서
1907~1989
게르하르트 겐첸
1909~1945

3초 요약
쿠르트 괴델은 수에 관한 법칙들의 집합을 완전하게 제시하기는 불가능함을 증명하여 전 세계를 경악시켰다.

3분 보충
괴델은 산술의 규칙들을 완전히 제시하기는 불가능함을 보여주었지만, 산술을 떠받치는 논리학 시스템을 구성하는 노력은 계속 이어져 시스템들의 위계가 만들어졌다. 각 시스템은 바로 아래 시스템이 지닌 결함들을 많이 메운 결과다. '증명론'이라는 분야에서는 이런 다양한 시스템들의 논리적 힘을 비교한다. '역행 수학'에서는 주어진 정리를 증명하려면 어떤 공리들이 필요한지 탐구한다. 이는 공리들에서 정리를 도출하는 평범한 수학에서의 진행 방향과 정반대다.

산술은 구멍투성이다.
논리학자가 아무리 많은 구멍을 메우더라도,
여전히 구멍이 남기 마련이다.

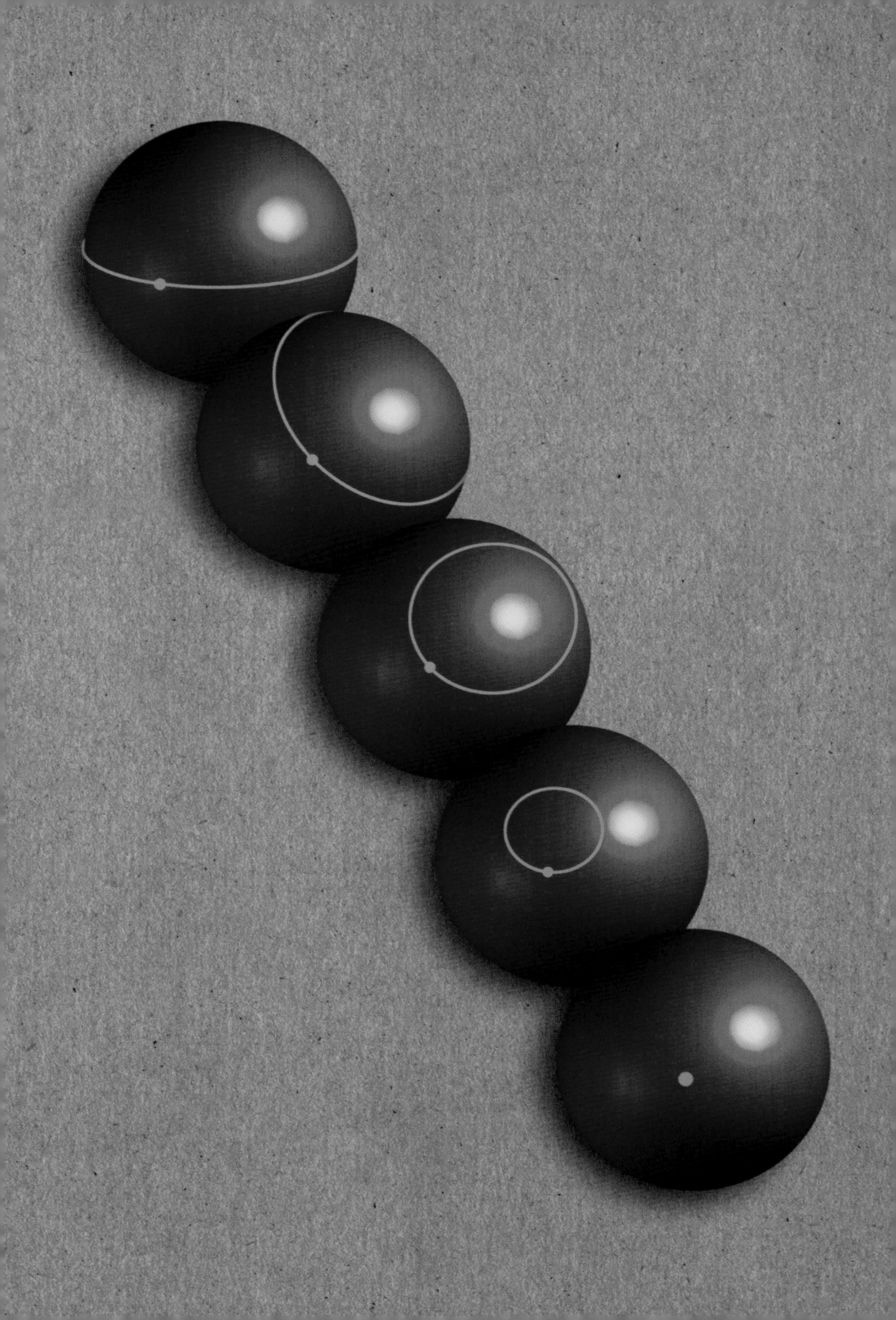

푸앵카레의 추측

POINCARÉ'S CONJECTURE

30초 저자
리처드 엘워스

공의 표면에는 구멍이 없다. 당연한 얘기여서 굳이 들먹일 필요가 없을 정도다. 그러나 곡면에 구멍이 없다는 말은 정확히 어떤 의미일까? 공의 표면, 곧 구면에 구멍이 없다는 말의 수학적인 정의는 다음과 같다. 당신이 구면 위에 마음대로 고리 하나를 그리면, 그 고리를 완전히 축소하여 단일한 점으로 만들 수 있다. 원환면(도넛의 표면)에서는 고리를 완전히 축소할 수 없는 경우가 생긴다. 예컨대 도넛 전체를 한 바퀴 감는 고리는 어느 정도 축소하면 가운데 구멍에 걸려서 더 축소할 수 없게 된다. 수학자들에게 '구멍 없음'이란 모든 고리를 완전히 축소할 수 있다는 뜻이다. 원환면 2개를 붙인 형태의 이중원환면과 더 기이한 클라인 병도 구멍을 가지고 있다. 19세기 초 이래로 우리는 위상수학('고무판 기하학')의 관점에서 볼 때 닫혀 있으며 구멍이 없는 곡면은 오직 구면뿐임을 안다. 즉 (이를테면 정육면체의 표면처럼) 닫혀 있으며 구멍이 없는 곡면이라면 어떤 것이든 적당히 변형하여 구면으로 만들 수 있다. 곡면은 2차원 모양이다. 푸앵카레는 이런 질문을 던졌다. 2차원이 아니라 3차원에서도 이 사실이 성립할까? 3차원에서는 곡면 대신에 이른바 '다양체'가 거론된다. 푸앵카레는 닫혀 있으며 구멍이 없는 3차원 다양체는 평범한 구면의 친척뻘인 '초구면'밖에 없다고 믿었다. 그가 옳았다는 것은 2003년에 그리고리 페렐만에 의해 증명되었다.

관련 주제
위상수학
119쪽
뫼비우스 띠
123쪽

3초 인물 소개
쥘 앙리 푸앵카레
1854~1912
스티븐 스메일
1930~
리처드 해밀턴
1943~
마이클 프리드먼
1951~
그리고리 페렐만
1966~

3초 요약
프랑스 수학자 앙리 푸앵카레는 구멍이 없는 모양은 어느 차원에서나 유일하게 구면뿐이라고 믿었다. 이 믿음이 옳다는 것은 한 세기가 넘게 지난 다음에 비로소 증명되었다.

3분 보충
푸앵카레의 추측은 4차원 이상의 다양체에도 적용된다. 1961년에 스티븐 스메일과 막스 뉴먼은 5차원 이상에서 구멍이 없는 모양은 오로지 초구면뿐임을 증명했다. 1982년에 마이클 프리드먼은 4차원에서도 마찬가지임을 증명했다. 푸앵카레가 가장 큰 관심을 기울였던 3차원 다양체에 대한 물음은 퍼즐의 마지막 조각으로 남아 있었다.

어떤 모양에 들어 있는 모든 고리를 축소하여 점으로 만들 수 있으면, 그 모양은 구면일 수밖에 없다.

연속체 가설

THE CONTINUUM HYPOTHESIS

30초 저자

리처드 엘워스

자연수는 끝없이 이어진다. 1, 2, 3, 4, 5,… 실수(0.5, π, 0.12345678910111213114…처럼 소수로 나타낼 수 있는 임의의 수)도 무한히 많다. 이 두 유형의 무한을 각각 '셀 수 있는 무한'과 '연속체'라고 한다. 게오르크 칸토어는 이 두 유형의 무한이 실제로 크기가 다름을 증명하여 동시대인들을 당황시켰다. 소수들의 집합은 정수들의 집합보다 더 큰 무한이다. 이것이 끝이 아니었다. 칸토어는 이 두 가지 무한보다 수준이 더 높은 무한들이 무한히 많이 존재함을 증명했다. 그러나 평범한 수학의 대부분에서 가장 중요한 유형의 무한은 이 두 가지다. 칸토어는 연속체가 셀 수 있는 무한보다 더 큰 무한임을 보여주었다. 하지만 이 두 가지 무한 사이에 중간 수준의 무한이 있는지 여부는 밝혀내지 못했다. 그는 그런 중간 수준의 무한은 존재하지 않는다고 믿었고, 이 믿음은 '연속체 가설'로 명명되었다. 1963년에 미국 수학자 폴 코헨은 연속체 가설이 형식적으로 결정불가능하다는 충격적인 결론을 증명했다. 즉 현재 통용되는 수학 법칙들을 모두 동원해도 연속체 가설을 증명하거나 반증할 수 없다.

관련 주제

무한
41쪽

힐베르트 프로그램
145쪽

괴델의 불완전성 정리
147쪽

3초 인물 소개

게오르크 칸토어
1845~1918

쿠르트 괴델
1906~1978

폴 코헨
1934~2007

휴 우딘
1955~

3초 요약

독일 수학자 게오르크 칸토어는 다양한 무한이 존재함을 발견했다. 그 다양한 수준의 무한들이 서로 어떤 관계인지는 지금도 여전히 수수께끼로 남아 있다.

3분 보충

칸토어의 유산은 수학과 이데올로기가 만나는 드문 장소들 중 하나다. 칸토어와 같은 시대에 활동한 레오폴트 크로네커는 그의 연구 전체를 폄하하면서 '신은 정수를 창조했다. 나머지 모든 것은 인간의 작품이다.'라고 말했다. 반면에 다비트 힐베르트는 이렇게 선언했다. '아무도 우리를 칸토어가 창조한 낙원에서 추방할 수 없을 것이다.' 이런 견해 차이는 지금도 이어진다. 일부 집합론자는 연속체 가설을 마침내 증명하거나 반증할 수 있게 해주는 새로운 수학 법칙들을 추구하는 반면, 다른 집합론자는 그 가설의 진위 여부는 끝내 밝혀지지 않으리라고 여긴다.

***무한은 크기가 다양하다.
우리가 모든 무한을 빠짐없이 발견했다고
자신할 수 있을까?***

b 임계선

1399 1409 1423 1427 1429 1433 1439

2333 2339

a

−2 −1 0 $\frac{1}{2}$ 1

3083 3089 3109 3119 3121 3137 3163 3167 3169 3181

3433 3449 3457 3461 3463 3467 3469 3491 3499

리만 가설

RIEMANN'S HYPOTHESIS

30초 저자
리처드 엘워스

소수는 지금도 수학자들의 주요 관심사다. 문제는 소수가 대단히 예측 불가능하다는 점이다. 정수들의 열에서 한 소수가 나오고 나서 언제 다음 소수가 나올지 알아내기는 매우 어렵다. 때로는 소수들이 몰려서 나온다(예컨대 191, 193, 197, 199). 그런가 하면 가뭄에 콩 나듯 할 때도 있다(예컨대 773, 787, 797, 809). 1859년에 베른하르트 리만은 이 불규칙성의 배후에 숨은 규칙성을 이해할 수 있게 해주는 공식을 고안했다. 수학자들이 바라마지 않던 공식이었다. 그 공식은 임의의 수보다 작은 소수의 개수를 정확히 알려줌으로써 다음 소수가 언제 나올지 정확히 예측할 수 있게 해주었다. 실제로 여러 경우를 따져보니 그 공식이 완벽하게 유효하다는 짐작이 들었지만 리만은 그 공식이 항상 옳은 답을 산출함을 증명할 수 없었다. 그 공식의 핵심에는 이른바 '리만 제타 함수'가 있다. 함수란 한 수를 입력으로 받아서 다른 수를 출력으로 내놓는 규칙이다. 리만 제타 함수에서는 입력과 출력이 모두 복소수다(21쪽 허수 참조). 리만은 어떤 입력들이 출력으로 0을 산출하는지 알고 싶었다. 그는 그런 입력들 중에서 자명하지 않은 것들을 복소평면에 표시하면 $x=1/2$에서 실수축과 만나는 수직선(이른바 '임계선') 위에 놓인다고 믿었고 이를 가설로 제기했다. 그러나 그를 비롯해서 지금까지 누구도 이 가설이 참임을 증명하지 못했다.

관련 주제

허수
21쪽

소수
25쪽

수론
33쪽

3초 인물 소개

카를 프리드리히 가우스
1777~1855

베른하르트 리만
1826~1866

자크 아다마르
1865~1963

샤를 드 라 발레푸생
1866~1962

3초 요약
베른하르트 리만은 소수들의 분포에 관한 규칙을 제시했다. 그 규칙은 유효한데, 아직 아무도 그 규칙이 옳음을 증명하지 못했다.

3분 보충
리만 가설은 증명되지 않았다. 그러나 더 약하지만 중요한 결론인 소수 정리는 리만의 아이디어에 기초하여 증명되었다. 1849년에 가우스가 추측한 이 결론은 임의의 수보다 작은 소수의 개수를 훌륭하게 추정한다. 비록 완벽하지는 않지만 상당히 정확하게 추정해내는 것이다. 가우스는 자신의 추측을 증명하지 못했지만, 1896년에 아다마르와 드 라 발레푸생이 각자 독립적으로 증명에 도달했다. 이들은 리만 제타 함수의 자명하지 않은 해들의 실수부가 x=0과 x=1 사이에 놓임을 보여주었다.

리만 제타 함수의 자명하지 않은 해들은
모두 수직선 x=1/2 위에 놓일까?
이 질문의 답이 밝혀지면 소수의 분포에 관한 수수께끼가 풀린다.

부록

참고자료

단행본

50 Mathematical Ideas You Really Need to Know, Tony Crilly (Quercus, 2008)

The Book of Numbers, John H. Conway and Richard K. Guy (Copernicus, 1998)

The Colossal Book of Mathematics, Martin Gardner (W. W. Norton & Co., 2004)

Designing and Drawing Tessellations, Robert Fathauer (Tessellations, 2010)

e: the Story of a Number, Eli Maor (Princeton University Press, 1998)

Fermat's Enigma, Simon Singh (Walker & Co., 1997)

Flatland: A Romance of Many Dimensions, Edwin Abbott (Oxford University Press, 2008)

Fractal Trees, Robert Fathauer (Tarquin Publications, 2011)

Gödel, Escher, Bach: An Eternal Golden Braid, Douglas Hofstadter (Basic Books, 1979)

How To Build A Brain, Richard Elwes (Quercus, 2011)

Innumeracy: Mathematical Illiteracy and its Consequences, John Allen Paulos (Hill and Wang, 1988)

The Man Who Loved Only Numbers, Paul Hoffman (Fourth Estate, 1998)

Mathematical Puzzles and Diversions, Martin Gardner (Penguin, 1991)

Maths 1001, Richard Elwes (Quercus, 2010)

Number Theory: A Lively Introduction with Proofs, Applications, and Stories, James Pommersheim, Tim Marks and Erica Flapan (John Wiley & Sons, 2010)

The Princeton Companion to Mathematics, Timothy Gowers (ed) (Princeton University Press, 2008)

What Is the Name of This Book? The Riddle of Dracula and Other Logical Puzzles, Raymond Smullyan (Penguin Books, 1981)

웹사이트

+Plus Magazine
http://plus.maths.org/content/
최신 수학 뉴스, 최고의 수학자들과 과학 저자들의 글을 제공하는 온라인 수학 저널.

Cut the Knot
http://www.cut-the-knot.org/
모든 수준의 수학 자료를 모아놓은 백과사전식 사이트. 계산 게임, 문제, 퍼즐, 글을 제공함.

MacTutor History of Mathematics Archive
http://www-history.mcs.st-and.ac. uk/
수학의 역사와 유명 수학자들의 전기를 제공하는 수학 자료실.

Math is Fun
http://www.mathsisfun.com/
어린이, 교사, 부모를 위한 수학 자료. 유용한 그림 사전도 있음.

The Mathematica Demonstrations Project
http://demonstrations.wolfram.com/
다양한 수학적 주제에 관한 애니메이션.

PlanetMath
http://planetmath.org/
수학 지식의 보급을 추구하는 온라인 커뮤니티.

Wolfram Math World
http://mathworld.wolfram.com/
풍부한 수학 자료. 세계 최대의 수학 공식 및 시각 자료 저장소.

집필진 소개

리처드 브라운 메릴랜드 주 볼티모어 소재 존스홉킨스대학 수학과 교수이며 학과장이다. 동역학 시스템을 이용하여 곡면의 위상수학적 기하학적 속성을 연구하는 등의 활동을 한다. 구체적으로, 위상수학적 변형이 공간의 기하학에 어떤 영향을 미치는지 연구한다. 또한 대학 학부에서 수학 교육의 효율성을 높이고 중등학교 수학에서 대학교 수학으로 이행하느라 애를 먹는 학생들을 돕기 위한 연구도 한다.

리처드 엘위스 수학자이며 교사이다. 원래 논리학을 전공했으며 모형이론 대수학에 관한 논문을 여러 편 발표했다. 『수학 1001(Maths 1001)』, 『뇌 제작법(How To Build A Brain)』 등의 책을 썼다. 《뉴사이언티스트 매거진》에 정기적으로 수학에 관한 글을 기고하며 학생과 대중을 상대로 강연하고 가르치기를 즐긴다. BBC월드서비스와 《가디언》지의 팟캐스트 〈사이언스 위클리〉에 출연했다. 현재 리즈대학에서 강사로 일하고 있으며, 아내와 함께 산다.

로버트 파다우어 퍼즐 개발자, 미술가, 작가다. 수학과 미술을 결합한 제품들을 생산하는 회사 '테셀레이션스(Tessellations)'의 소유주다. 에셔 풍의 쪽매맞춤, 프랙털 타일 붙이기, 프랙털 매듭에 관한 글과 『쪽매맞춤 그리기와 설계하기(Designing and Drawing Tessellations)』, 『프랙털 나무(Fractal Trees)』 등의 책을 썼다. 수학적 미술 작품들을 소개하는 단체 전시회를 미국과 유럽에서 여러 번 개최했다. 덴버대학에서 수학 및 물리학 전공으로 학사학위를, 코넬대학에서 전기공학 전공으로 박사학위를 받았다. 여러 해 동안 제트추진연구소에서 연구팀장으로 일했다.

존 헤이 서식스대학 수학 담당 명예 부교수이다. 주요 연구 주제는 확률론의 응용, 특히 생물학과 도박에 관한 응용이다. 여러 대학에서 가르쳤을 뿐 아니라 왕립통계학회와 런던수학회가 개최한 대중 강연도 많이 했다. 일반인에게 확률론을 설명하는 『모험(Taking Chances)』, 수학이 스포츠를 즐기고 잘하는 데 여러 모로 도움이 됨을 보여주는 『스포츠에 숨어 있는 수학(The Hidden Mathematics of Sport)』(공저) 등의 책을 썼다.

데이비드 페리 매디슨 소재 위스콘신대학과 어바나샴페인 소재 일리노이대학에서 수학 학위를 받았다. 2년 동안 위스콘신 주 리펀 칼리지에서 가르친 후 민간 부문의 소프트웨어 개발자가 되었다. 1997년부터 존스홉킨스영재센터에서 수론, 암호학, 고급암호학을 가르쳐왔다. 제임스 폼머스하임, 팀 마크스, 에리카 플래판이 쓴 교과서 『수론: 증명, 응용, 이야기가 있는 생생한 안내서』에 실린 많은 연습문제를 지었다. 첫 소설 작품으로 다윗과 골리앗 이야기의 진실을 밝혀낸다고 주장하는 환상 역사소설을 쓰는 중이기도 하다.

제이미 폼머스하임 오리건 주 포틀랜드 소재 리드칼리지의 캐서린 피곳 수학교수다. 대수기하학, 수론, 위상수학, 양자 컴퓨터를 비롯한 다양한 분야의 연구논문을 발표했다. 다양한 수준의 학생들에게 수론을 즐겁게 가르쳐왔다. 대학생, 수학 교사, 우수한 고등학생, 대학원생이 그에게 배웠다. 『수론: 증명, 응용, 이야기가 있는 생생한 안내서』(2010)를 공동으로 썼다.

도판자료 제공에 대한 감사의 글

이 책에 실은 도판자료들의 사용을 허락해준 개인들과 기관들에 감사의 뜻을 전한다. 도판자료를 사용한 사실을 알리기 위해 모든 노력을 다했으나, 본의 아니게 누락한 경우가 있다면 사과의 말씀과 아울러 용서를 구한다.

- 130쪽의 루빅 큐브 그림은 Seven Towns Ltd.(www.rubiks.com)의 허가로 사용했다.
- 132쪽의 매듭 그림은 데일 롤프스, 롭 스카레인, 드로어 바르 나탄의 허가로 사용했다.

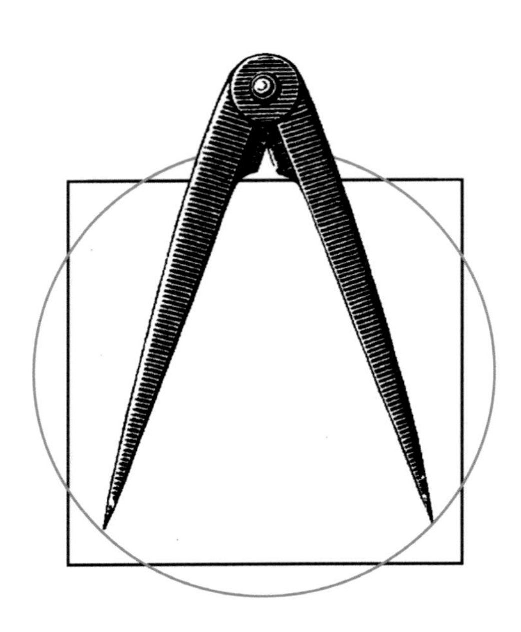

찾아보기

ㅎ

기타

개념 잡는 비주얼 수학책

1판 1쇄 펴냄 2015년 8월 5일
1판 3쇄 펴냄 2018년 8월 30일

지은이 리처드 브라운 외 5인 지음
옮긴이 전대호

주간 김현숙 | **편집** 변효현, 김주희
디자인 이현정, 전미혜
영업 백국현, 정강석 | **관리** 김옥연

펴낸곳 궁리출판 | **펴낸이** 이갑수

등록 1999년 3월 29일 제300-2004-162호
주소 10881 경기도 파주시 회동길 325-12
전화 031-955-9818 | **팩스** 031-955-9848
홈페이지 www.kungree.com | **전자우편** kungree@kungree.com
페이스북 /kungreepress | **트위터** @kungreepress

ISBN 978-89-5820-300-1 03410
ISBN 978-89-5820-299-8 03400(세트)

값 13,000원

MATHEMATICS